图解畜禽标准化规模养殖系列丛书

绵羊标准化规模养殖图册

张红平　主编

中国农业出版社

北　京

丛书编委会

本书编委会

总　序

　　我国畜牧业近几十年得到了长足的发展和取得了突出的成就，为国民经济建设和人民生活水平提高发挥了重要的支撑作用。目前，我国畜牧业正处于由传统畜牧业向现代畜牧业转型的关键时期，畜牧生产方式必然发生根本的变革。在新的发展形势下，尚存在一些影响发展的制约因素，主要表现在畜禽规模化程度不高，标准化生产体系不健全，疫病防治制度不规范，安全生产和环境控制的压力加大。主要原因在于现代科学技术的推广应用还不够广泛和深入，从业者的科技意识和技术水平尚待提高，这就需要科技工作者为广大养殖企业和农户提供更加浅显易懂、便于推广使用的科普读物。

　　《图解畜禽标准化规模养殖系列丛书》的编写出版，正是适应我国现代畜牧业发展和广大养殖户的需要，针对畜禽生产中存在的问题，对猪、蛋鸡、肉鸡、奶牛、肉牛、山羊、绵羊、兔、鸭、鹅10种畜禽的标准化生产，以图文并茂的方式介绍了标准化规模养殖全过程、产品加工、经营管理的关键技术环节和要点。丛书内容十分丰富，包括畜禽养殖场选址与设计、畜禽品种与繁殖技术、饲料与日粮配制、饲养管理、环境卫生与控制、常见疾病诊治与防疫、畜禽屠宰与产品加工、畜禽养殖场经营管理等内容。

　　本套丛书具有鲜明的特点：一是顺应现代畜牧业发展要求，引领产业发展。本套丛书以标准化和规模化为着力点，对促进我国畜牧业生产方式的转变，加快构建现代产业体系，推动产业转型升级，深入推进畜牧业标准化、规模化、产业化发展具有重要意义。二是组织了实力雄厚的创作队伍，创作团队由国内知名专家学者组成，其中主要包括大专院校和科研院所的专家、教授，国家现代农业产业技术体系的岗位科学家和骨干成员、养殖企业的技术骨干，他们长期在教学和畜禽生产一线工作，具有扎实的专业理论知识和实践经验。三是立意新颖，用图解的方式完整解析畜禽生产全产业链的关键技术，突出标准化和规模化特色，从专业、规范、标准化的角度介绍国内外的畜禽养殖最新实用技术成果和标准化生产技术规程。四是写作手法创新，突出原创，通过作者自己原创的照片、线条图、卡通图等多种形式，辅助以诙谐幽默的大众化语言来讲述畜禽标准化规模养殖和产品加工过程中的关键技术环节和要求，以及经营理念。文中收录的图片和插图生动、直观、科学、准确，文字简练、易懂、富有趣味性，具有一看就懂、一学即会的实用特点。适合养殖场及相关技术人员培训、学习和参考。

本套丛书的出版发行，必将对加快我国畜禽生产的规模化和标准化进程起到重要的助推作用，对现代畜牧业的持续、健康发展产生重要的影响。

中国工程院院士
华中农业大学教授　陈焕春

编 者 的 话

　　针对现阶段我国畜禽养殖存在的突出问题，以传播现代标准化养殖知识和规模化经营理念为宗旨，四川农业大学牵头组织200余人共同创作《图解畜禽标准化规模养殖系列丛书》，包括猪、奶牛、肉牛、蛋鸡、肉鸡、鸭、鹅、山羊、绵羊和兔10本图册，于2013年1月由中国农业出版社出版发行。丛书将"畜禽良种化、养殖设施化、生产规范化、防疫制度化、粪污处理无害化"的内涵贯穿于全过程，充分考虑受众的阅读习惯和理解能力，采用通俗易懂、幽默诙谐的图文搭配，生动形象地解析畜禽标准化生产全产业链关键技术，实用性和可操作性强，深受企业和养殖户喜爱。丛书发行覆盖了全国31个省、自治区、直辖市，发行10万余册，并入选全国"养殖书屋"用书，对行业发展产生了积极的影响。

　　为了进一步扩大丛书的推广面，在保持原图册内容和风格基础上，我们重新编印出版简装本，内容更加简明扼要，易于学习和掌握应用知识，并降低了印刷成本。同时，利用现代融媒体手段，将大量图片和视频资料通过二维码链接，用手机扫描观看，极大方便了读者阅读。相信简装本的出版发行，将进一步普及畜禽科学养殖知识，提升畜禽标准化养殖和畜产品质量安全水平、助推脱贫攻坚和乡村振兴战略实施。

目　　录

1 第一章 绵羊场的规划与建设

第一节 绵羊场的选址与布局

一、选址原则

规模绵羊场的建设和规划必须符合国家要求，并根据当地的自身条件因地制宜，选择地势高燥、背风向阳、排水良好的地区建场，同时要兼顾交通、水源、供电等的便利，既要方便健康养殖，又要避免环境污染。

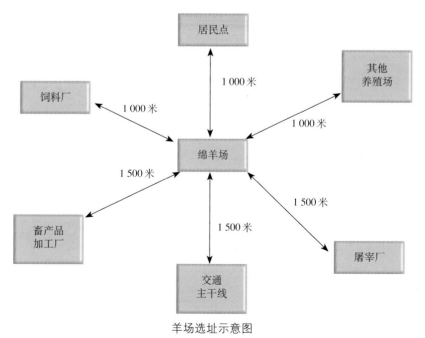

羊场选址示意图

（参考《山东省畜禽养殖管理办法》）

二、羊场的布局

绵羊场主要分管理区、辅助区、生产区和隔离区四部分。各区的整体规划要符合科学管理、清洁卫生的原则。管理区和辅助区位于地势较高的上风处，生产区和隔离区应设在地势较低的下风方向。

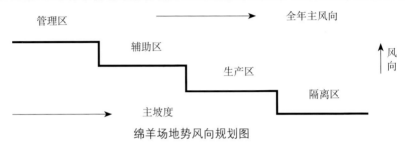

绵羊场地势风向规划图

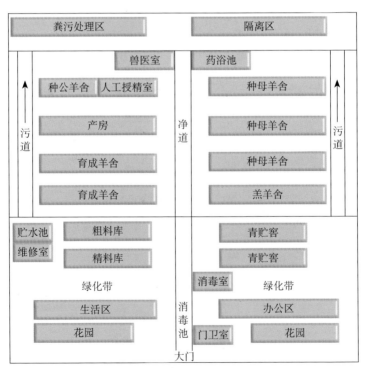

自繁自养羊场平面布局示意图

● **管理区**　管理区主要从事生产和经营管理等活动，主要包括经营管理办公室、职工休息室等有关的建筑物，应在场区的上风处和地势较高地段，并与生产区分开，保证适当距离，一般为30～50米。

羊场管理区和生产区布局

● **辅助区**　辅助区主要包括饲料库、维修室、配电室、贮水池、青贮窖等。辅助区应设在生产区旁边且地势高燥处。

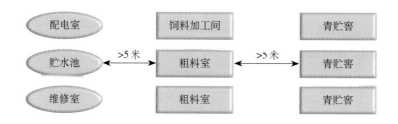

● **生产区**　生产区主要包括羊舍、人工授精室、兽医室等建筑，是羊场主要的组成部分。

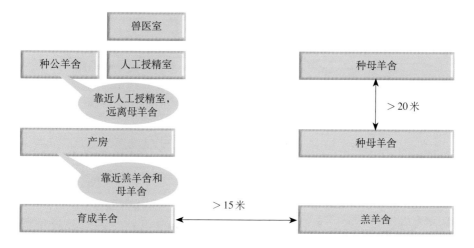

羊 舍

兽 医 室

人工授精室

门 卫 室

● **隔离区** 隔离区一般位于地势较低的下风口处，应远离生产区。包括病羊隔离区、病死羊处理区及粪污处理区。病羊隔离区、粪污处理区应有单独通道和出入口，便于病羊隔离、消毒和污物处理。

| 病死羊处理区 |

| 粪污处理区 |

| 病羊隔离区 |

| 生产区 |

病羊隔离区

病死羊处理区

第二节 羊舍的建筑与结构

一、羊舍类型

1. 绵羊舍的类型根据封闭程度不同，主要划分为封闭式、开放式、半开放式与棚式四个类型。

● **封闭式羊舍** 封闭式羊舍四面环墙，封闭严密。一般向阳面为2.0 ~ 2.5倍于舍内面积的运动场，此类型羊舍适用于寒冷地区。

四面环墙，封闭严密，保温性好

运动场

● **开放式羊舍** 开放式羊舍朝阳面敞开延伸成活动场，三面有墙，此类型羊舍适用于气候温暖地区。

三面环墙，通风、透光好，但是保温性能差

前半墙

● **半开放式羊舍** 三面有墙，一面半截墙，保温稍优于开放式，适用于气候不十分恶劣的温暖地区。

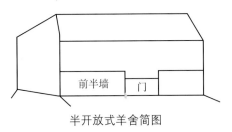

半开放式羊舍简图

● **棚式羊舍** 棚式羊舍只有屋顶，没有墙壁，可防太阳照射，适用于炎热地区。

2. 绵羊舍根据羊床和饲槽排列情况，可分为单列式、双列式。单列式羊舍跨度小，自然采光好，适于小型羊场和农户；双列式羊舍跨度大，保温性好，但采光和通风差，占地面积小。

只有屋顶

单列式羊舍

双列式羊舍（中间为过道，两边为圈栏）

二、羊舍建筑要求

● 羊舍地面与羊床

➢ 砖砌地面

优点：保温性好
缺点：成本高，易磨损

➢ 木质地面

建设和养殖参数：木条宽3～4厘米、厚3～3.5厘米，缝隙宽1.5～2.0厘米

优点：保温性好，便于清扫和消毒
缺点：成本高

7

● **羊舍面积** 羊舍面积依照羊的数量、品种、性别和生理情况而定。

各类羊所需羊舍面积

类型	面积（米²）	类型	面积（米²）
产羔母羊（含羔羊）	1.3 ～ 2.0	育成母羊	0.7 ～ 0.8
单饲公羊	4.0 ～ 6.0	去势羔羊	0.6 ～ 0.8
群饲公羊	2.0 ～ 2.5	3 ～ 4月龄羔羊	0.3 ～ 0.4
育成公羊和成年羯羊	0.7 ～ 1.0	—	—

● **长度、跨度和高度** 单列式羊舍，跨度小，自然采光好，适用于小规模羊群；双列式羊舍，跨度大，保温性强，但自然采光、通风差，适用于寒冷地区。

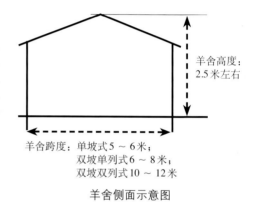

羊舍高度：2.5米左右

羊舍跨度：单坡式5 ～ 6米；双坡单列式6 ～ 8米；双坡双列式10 ～ 12米

羊舍侧面示意图

● **墙** 羊舍墙壁一般采用土墙、砖墙和石墙等。另外，金属铝板、胶合板、玻璃纤维材料等制成的墙体保温、隔热效果也很好。

砖墙

石墙

● 屋顶和门窗

屋顶一般采用陶瓦、石棉瓦、模板、塑料薄膜、油毡和金属板等

羊舍门宽1.2米，高2米

窗距地面高度不低于1.5米

● 饲喂通道

宽1.5～2.0米

● 清粪通道

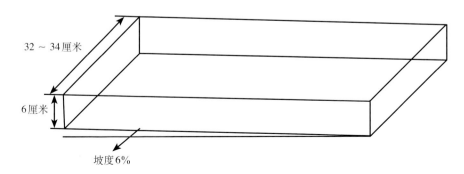

32～34厘米

6厘米

坡度6%

第三节 羊舍的主要设备

一、饲槽

● **固定式饲槽** 舍饲绵羊栏前设置草料槽，由砖、石头、水泥等砌成，不可移动。

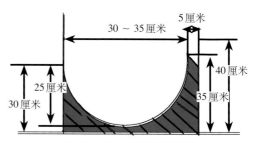

绵羊固定式饲槽纵剖面图

内角外沿抹成圆形，防止饲料残留和擦伤羊颈部

外沿比内沿高5厘米

● **移动式饲槽** 主要用于补饲精料和颗粒料，一般设在运动场内。用木板或铁皮制成，一般长1.5～2米，上宽35厘米，下宽30厘米，深20厘米。

主人为我考虑得真周到

二、颈夹

为固定绵羊前肢，保证安静采食，应设置颈夹。

我们各占各位，免得说我欺负你哈

三、草架

固定式或移动式草架一般设在运动场内，可用铁皮、木料或钢筋混凝土制作。

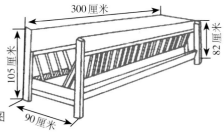

草料联合饲架示意图

长方形两面移动式草架

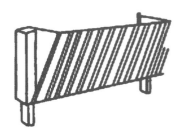

靠墙固定单面草架

四、饮水设备

羊场饮水设备一般为水桶、水槽、水缸或者其他饮水器等。

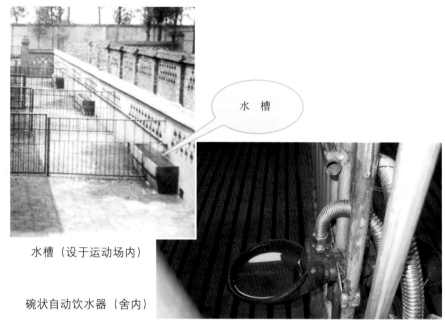

水槽（设于运动场内）

碗状自动饮水器（舍内）

五、多用途栅栏

● **母子栏** 母子栏由两块栅栏用合页连接而成，此活动木栏可以在羊舍角隅摆成直角，固定于羊舍墙壁上，形成（1.2 ~ 1.5）米 ×（1.2 ~ 1.5）米的母子间。

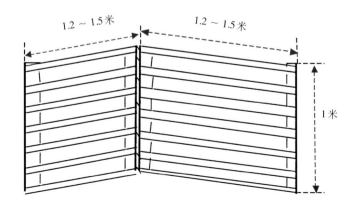

● **补饲栏**　一般由数个栅栏、栅板或网栏在羊舍或补饲场靠墙围成，栏间设栅门，羔羊可以自由通过，大羊不能入内。

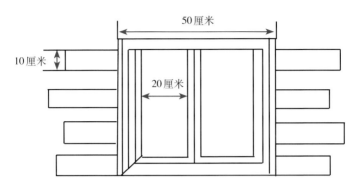

● **分羊栏**　用于对羊进行分群、鉴定、防疫、驱虫、测重、打号等。

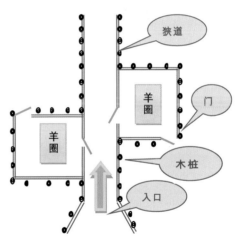

第四节　羊舍的外部设施

一、运动场

运动场是规模化养殖场必备的外部设施，运动场面积一般应为羊舍面积的2～2.5倍。为便于分群饲养管理，用围栏分成小的区域，每一区域对应相应的圈栏。

运动场地面以砖砌或沙土为宜，利于排水和保持干燥。运动场周围设围栏，一般为木栅栏、铁栅栏、铁丝网、钢管等。

铁栅栏

沙质土地

运动场紧靠羊舍出入口，面积为2.0～2.5倍于羊舍，地面应低于羊舍地面60厘米

二、药浴池

药浴池为长方形，一般用水泥筑成，池深约1米，池底宽30～60厘米，上宽60～100厘米。药浴池入口一端是陡坡，出口一端是台阶，并设置面积约2米^{2}的滴流台，以便羊身上多余的药液流回池内。

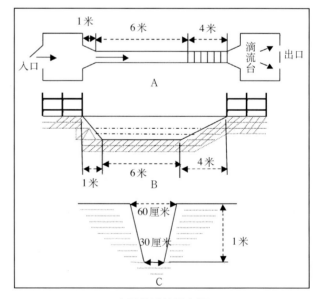

水泥药浴池示意图
A.平面　B.横剖面　C.纵剖面

药浴池

三、贮水池

贮水池的贮水量应保证短期停水用水和消防用水。

贮水池

四、青贮窖（池）

青贮窖（池）应位于地势高、干燥、地下水位低、土质坚实、离羊舍近的地方。

青 贮 窖

青 贮 池

2 第二章 绵羊品种与选育技术

第一节 绵羊品种

由于绵羊属于多种经济类型和分布广的家畜，因此，有多种分类方法。按经济类型来划分，一般可分为毛用、肉用、奶用、毛皮用和羔皮用品种。

一、毛用品种

● **细毛羊** 主要产品是60～80支以上的细毛（25.0～14.5微米）。世界上所有细毛羊的祖先均可追溯到西班牙美利奴羊。

按细毛羊体型结构和生产产品的侧重点，细毛羊被分为毛用细毛羊、毛肉兼用细毛羊和肉毛兼用细毛羊三大类。

中国美利奴羊（公羊，毛用细毛羊）　　　澳洲美利奴羊（公羊，毛用细毛羊）

● **超细毛羊** 羊毛颜色洁白，手感柔软，密度大，纤维直径18.0微米以下（品质支数在80支以上），毛长7.0～9.0厘米，光泽、弯曲、

新疆细毛羊（母羊，毛肉兼用细毛羊）

德国肉用美利奴羊（公羊，肉毛兼用细毛羊）

细毛羊毛被

细毛及其毛条

新疆超细毛羊（公羊）

（新疆农垦科学院 提供）

超细毛羊毛被

（新疆农垦科学院 提供）

油汗理想，净毛率65%～70%。

● **半细毛羊** 主要以生产同质的半细毛为主。羊毛纤维细度为

32 ～ 58支（67.0 ～ 25.1微米）。根据半细毛羊所产羊毛细度可将其分为两大类：粗档半细毛，细度主体为48 ～ 50支；细档半细毛，细度主体为56 ～ 58支。

凉山半细毛羊（公羊，粗档半细毛羊）

东北半细毛羊（细档半细毛羊）

凉山半细毛羊毛被

● **粗毛羊** 多数为原始的地方品种，产毛量和其他生产性能均较改良品质差。优点是对原产地生态环境具有十分良好的适应性。品种有蒙古羊、和田羊、西藏羊、哈萨克羊。

蒙古羊（公羊）

和田羊（公羊）

西藏羊（公羊）

哈萨克羊（母羊）

二、肉用品种

多数为经过专门化高度选育形成的生产方向专一的品种。肉羊要求体格大，成熟早，生长发育快，肌肉丰满，瘦肉率高，产羔率较高。

巴美肉羊

（内蒙古畜牧科学院　提供）

小尾寒羊（公羊，产于中国山东、河南、河北）

杜泊羊（原产于南非）

特克塞尔羊（原产于荷兰）

夏洛莱羊（原产于法国）

萨福克羊（原产于英国）

三、奶用品种

生产的主要产品为绵羊奶，目前我国没有专门的奶用绵羊品种。

东佛里生羊（公羊，原产于德国）

东佛里生羊（母羊，原产于德国）

四、毛皮品种

以生产优质二毛裘皮为主要产品，如滩羊、贵德黑裘皮羊、岷县黑裘皮羊。将出生后1月龄左右羔羊宰杀后剥取的毛皮，为二毛裘皮。

滩 羊

滩羊二毛裘皮

五、羔皮品种

以生产优质羔皮为主要产品，如湖羊和中国卡拉库尔羊。将出生后 1～3 日龄羔羊宰杀后剥取的毛皮，为羔皮。

湖 羊

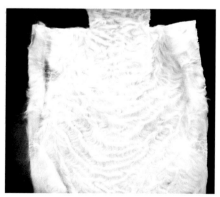

湖羊羔皮（已去除头部、四肢及尾部等部分）

中国卡拉库尔羊

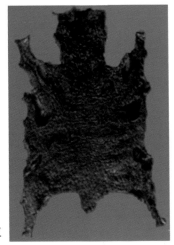

卡拉库尔羊羔皮

第二节 绵羊的选种技术

绵羊选种主要对象是种公羊。农谚说，"公羊好好一坡，母羊好好一窝"，正是这个道理。选择的主要性状多为有重要经济价值的性状。

一、根据个体表现型进行选种

根据个体表现型进行选种，简称表型选择，这种方法是根据个体性状表现型值大小进行选择。个体表型选择通常以生产性能为主、体型外貌为辅。

细毛羊和半细毛羊的体重、剪毛量、毛品质、毛长度、毛细度；肉用绵羊的体重、产肉量、屠宰率、胴体重、生长速度和繁殖力等。

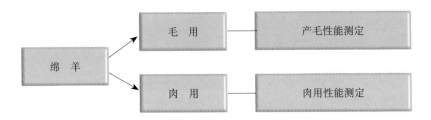

二、根据系谱资料进行选种

　　如果被审查的个体祖先成绩十分优秀，则通常该个体应有较好的育种价值。遗传上影响最大的是该个体的父母，其次为祖父母、曾祖父母等。多于2～3个世代的祖先作用不大。

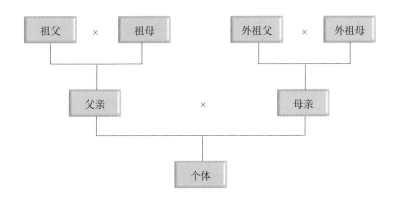

审查系谱资料进行选种

三、根据半同胞表型值进行选择

利用同父异母或同母异父的半同胞表型值资料，来估算被送个体的育种值进行的选择。

四、后裔测验

根据后代生产性能和品质优劣，决定所选个体的种用价值，是所有选择方法中最可靠的方法。这种方法花费大，需要时间特别长。但是一旦得到一只或几只特别优秀的公羊个体，就会大大加快育种进程。

总之，在生产中，对优秀种羊的选留往往要综合利用祖先、个体、同胞及后裔的资料，计算个体育种值，然后根据个体育种值的高低来留种。

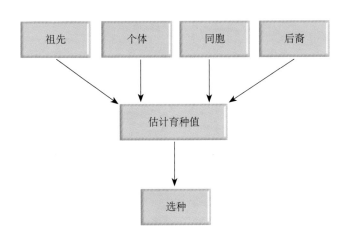

3 第三章　绵羊的繁育技术

第一节　绵羊繁殖生理特点

一、初情期

母羊第一次出现发情和排卵（4～8月龄）。这时母羊的生殖器官正处于生长发育阶段，其功能尚不完全，发情表现和发情周期往往不明显，因此，还不能配种。

二、性成熟

母羊生殖器官已经发育完全，具有了产生繁殖力的生殖细胞（5～10月龄）。此时公、母羊交配可以受胎，但实际配种年龄应比性成熟晚。

三、初配适龄期

不同品种、不同的营养水平和饲养管理，绵羊初配年龄不一样。通常绵羊的初配年龄为12～18月龄。经验表明，当体重达到其成年体重的70%时，可进行第一次配种。

我终于等到这一天了啊

四、繁殖衰退期

一般母羊繁殖年限可利用到8～9岁，但繁殖力最好的年龄是3～6岁，7～8岁逐渐衰退。

唉，老了！岁月不饶人啊

五、发情的季节性

由于母羊的发情要求由长变短的光照条件，因此，母羊的发情有一定的季节性。绵羊的发情季节一般多在秋季和冬季，一般是7月至第二年1月，而以8—10月发情最为集中。生长在温暖地区或经过人工高度培育的绵羊品种，其发情往往没有严格的季节性。

季节性繁殖   非季节性繁殖

第二节　发情鉴定方法

一、外部观察法

母羊发情主要表现为性兴奋，从外观上会表现出频频排尿，鸣叫不止，兴奋不安，食欲减退，很少采食，不停摆尾，尾巴上常黏附有黏液，母羊间相互爬跨，主动接近公羊等行为。

生殖道也会发生一些变化，包括阴道黏膜充血、潮红、表面光滑湿润，有较多的黏液，子宫颈口开张。

有较多的黏液流出

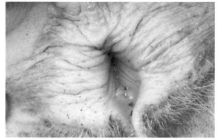

阴道黏膜充血、潮红、表面光滑

二、公羊试情法

将试情公羊放入母羊群，如果母羊接近公羊并接受公羊的爬跨，可以判断母羊发情。

平时无论你怎么诱惑，我都不会理你……

母羊接受公羊的爬跨

三、阴道检查法

在人工授精前多采用阴道检查法判断母羊是否发情。将清洗、消毒灭菌后的开腟器，涂上灭菌的润滑剂，轻轻插入母羊的阴道，如阴道黏膜充血、潮红、表面光滑湿润，有较多的黏液，子宫颈口开张等，即可判定母羊发情。

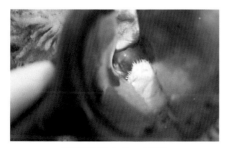

阴道黏膜充血、潮红

母羊子宫颈口开张

第三节　配种方法

一、自由交配

按一定的公、母比例，即 1 ：（20 ~ 30），将选好的公羊放入母羊群中任其自由寻找发情母羊进行交配。适合于小群分散的商品生产，不适用于种羊的生产。

公、母羊混群饲养

自由交配

二、人工辅助交配

公、母羊分开饲养，把挑选出的发情母羊有计划地与指定的公羊交配。

公、母羊分圈饲养

既然选到我了，力争
百发百中

人工辅助交配

第四节　人工授精技术

人工授精是用器械采集公羊的精液，经过精液品质检查和一系列的处理，再将精液输入发情母羊的生殖道内，从而达到使母羊受胎的目的。包括采精、精液品质检查、精液处理和输精等主要环节。

一、人工授精的设备

主要包括采精、输精和贮存冷冻精液的设备。

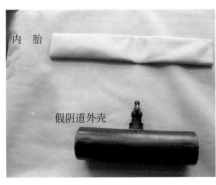

内　胎

假阴道外壳

假阴道外壳和内胎

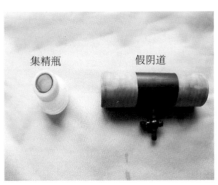

集精瓶　　　假阴道

安装好的假阴道、集精瓶

显 微 镜

开 腔 器

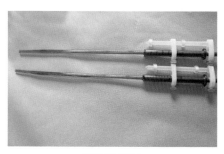

玻璃输精器

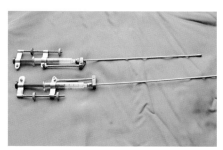

SK-Ⅱ输精器

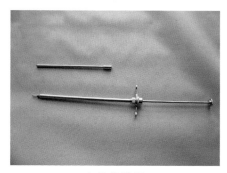

细管输精器

贮存冷冻精液的液氮罐

二、采精

● **采精前的准备** 采精前应做好各项准备工作,如采精器械和人工授精器械的消毒、种公羊的准备和调教、台羊的准备、假阴道的准备等。

➢ **采精和输精器械的消毒** 凡是可能与精液接触的器械均应消毒处理。假阴道用棉球擦干，再用70%酒精消毒，连续使用时可用96%酒精棉球消毒。集精瓶、输精器可先用70%酒精消毒后，再用0.9%氯化钠溶液冲

采精器械和人工授精器械的消毒（蒸锅消毒）

洗3～5次，连续使用时，先用2%重碳酸钠溶液洗净，再用开水冲洗，最后用0.9%氯化钠溶液冲洗3～5次。

➢ **种公羊的选择、调教及台羊的准备**

准备和调教种公羊

准备台羊

➢ **假阴道的安装与调试** 先将内胎装入外壳，内胎的光滑一面朝上，露出外壳的两头要求等长，然后将内胎的一端翻套在外壳上，同样的方法套好另一端，然后在两端分别套上橡皮圈固定内胎。

用长柄镊子夹取65%酒精棉球消毒内胎，从内向外，待酒精挥发后，再用生理盐水擦拭。集精瓶（杯）安装在假阴道的一端。

左手握住假阴道的中部，右手用烧杯将温水（水温50～55℃）从外壳的灌水孔灌入，水量为外壳与内胎间容积的1/3～1/2（竖立假阴

道，水达灌水孔即可）。然后，关上带活塞的气嘴，并将活塞关好。用消毒后的玻璃棒取少许凡士林，由内向外均匀涂抹一薄层，其涂抹深度以假阴道长度的1/2为宜。扭动气嘴的活塞，从气嘴吹气，使涂凡士林一端的假阴道口呈三角形，松紧适度。假阴道内检查温度以采精时达到40～42℃为宜。

将内胎装入假阴道外壳

将内胎翻套在假阴道外壳上

安装好的假阴道

假阴道口呈三角形的一端涂凡士林

在假阴道的一端安装集精瓶

加热水，吹气，调节压力

● **采精** 采精人员右手紧握假阴道，用食指、中指夹好集精瓶，使假阴道活塞朝下，蹲于台羊的右后侧。待公羊爬跨台羊且阴茎伸出时，采精人员用左手轻拨公羊包皮（勿触龟头），将阴茎导入假阴道（假阴道应与地面呈35°角）。当公羊后躯急速向前一冲时，表明公羊已经射精。此时，顺公羊向后及时取下假阴道，并迅速将假阴道竖立，安装有集精瓶的一端向下。打开活塞上的气嘴，放出空气，取下集精瓶，用盖盖好并保温（37℃水浴），待检查。

采 精

三、精液品质的检查

主要的检查项目有射精量、色泽、气味、云雾状、活力、密度等。在显微镜下（18 ~ 25℃的室温）80%以上的精子作直线运动，并且在200 ~ 600倍的显微镜下精子之间的距离小于1个精子的长度，该精液才能用于稀释和输精。

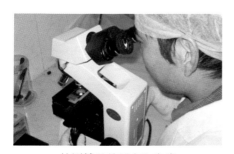

检测精子的活力和密度

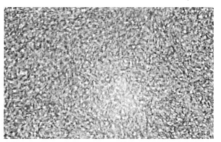

高倍镜下的精子

四、精液的稀释

精液与稀释液混合时，二者的温度必须保持一致，以防止精子因温度的剧烈变化而死亡。稀释前将精液与稀释液分别放入30℃左右的温水中水浴5分钟左右，温度相同时再进行稀释。用消毒过的带有刻度的注射器将稀释液沿着精液瓶缓慢注入，然后用玻棒缓慢搅动以混合均匀。切忌把精液倒入稀释液中。

常用的稀释液配方有：

● **生理盐水稀释液** 用经过灭菌消毒的0.9%氯化钠溶液作稀释液，此种稀释液制备简单，用其稀释的精液可马上用于输精。但用此种稀释液时，稀释倍数不宜过高，保存时间不能太长。

● **乳汁稀释液** 取新鲜牛奶（或羊奶），用数层消毒的纱布过滤，用烧杯在电炉上煮沸，降温，除去奶皮。如此反复3次，冷却。或者将过滤后的奶汁，经蒸汽灭菌10～20分钟，冷却除去奶皮，每100毫升加青霉素10万国际单位，链霉素10万单位。

● **葡萄糖－卵黄稀释液** 于100毫升蒸馏水中加葡萄糖3克、柠檬酸钠1.4克，溶解后过滤，蒸汽灭菌，冷却至室温，加新鲜鸡蛋的卵黄20毫升、青霉素10万国际单位、链霉素10万单位，充分混匀。

● 葡萄糖0.97克，柠檬酸钠1.6克，碳酸氢钠1.5克，氨苯磺酰胺0.3克，溶于100毫升蒸馏水中，煮沸消毒，冷却至室温后，加入青霉素10万国际单位，链霉素10万单位，新鲜卵黄20毫升，摇匀。

以上稀释液均要求现配现用。将稀释好的精液根据各输精点的需要量分装于安瓿中或分装成细管精液，用8层纱布包好，置于4℃左右的冰箱中保存待用。

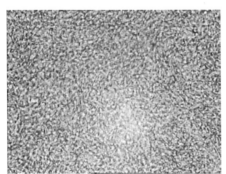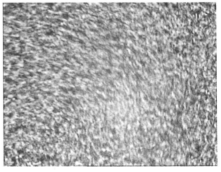

精液的稀释

五、输精

输精人员将用生理盐水浸泡过的开膛器闭合，按母羊阴门的形状和生殖道的方向缓慢插入，然后转动90°，打开开膛器，寻找母羊的子宫颈口，将输精器前端缓慢插入子宫颈口内0.5～1.0厘米，用拇指轻轻推动输精器的活塞，注入精液。一次输精原精液量需要0.05～0.1毫升或稀释精液量0.1～0.2毫升。

将开膛器缓慢插入母羊生殖道

寻找母羊的子宫颈口

输　精

第五节　母羊的产羔

母羊配种后，经过20天左右，不再表现发情，则可初步判断为已经妊娠。妊娠母羊经过150天左右的时间，就将产羔。

一、分娩预兆

母羊临产时，骨盆韧带松弛，腹部下垂，尾根两侧下陷；乳房肿大，乳头直立，能挤出少量黄色乳汁；阴门肿胀、潮红，有时流出浓稠黏液；肷窝下陷，行动困难；食欲减退，甚至反刍停止；排尿次数增加，不时鸣叫，起卧不安，不时回顾腹部，喜独卧墙角等处休息；放牧时掉队或离队；当发现母羊用脚刨地，四肢伸直努责，肷窝下陷特别明显时，应立即送入产房。

肷窝下陷，腹部下垂

乳房肿大，能挤出少量黄色乳汁

阴门肿胀、潮红，流出浓稠黏液

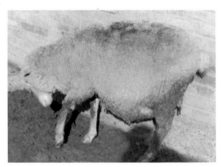
母羊用脚刨地

二、产羔

产羔时，要保持安静，不要惊动母羊，一般情况下都能顺产。正常分娩时，羊膜破裂后数分钟羔羊就会自行产出。两前肢和头部先出，并且头部紧贴在两前肢上面，到头顶露出后羔羊就立即出生了。

开始产羔

前肢出现

头部出现

头部全部娩出

体躯娩出

母羊舔舐羔羊黏液

产羔结束

三、助产方法

极少数的羊只可能胎儿过大，或因初产，产道狭窄，或因多胎母羊在产出第一头羔羊后产力不足，这时需要助产。胎儿过大时要将母羊阴门扩大，把胎儿的两前肢拉出来再送进去，反复三四次后，一手拉住前肢，一手拉头部，伴随母羊努责时用力向外，帮助胎儿产出。

四、羔羊的护理

当羔羊出生后将其鼻、嘴、耳中的黏液掏出，并使母羊舔干羔羊身上的黏液。羔羊出生后，一般自己能扯断脐带。有的脐带不断，可在距离羔羊腹部4～5厘米的地方，用手把脐带中的血向羔羊脐部顺捋几下，然后剪断，用5%碘酊消毒。母羊分娩后，剪去其乳房周围的长毛，用温水擦拭母羊乳房上的污物、血迹，挤出最初的乳汁，帮助羔羊及时吃到初乳。

母羊舔干羔羊身上的黏液

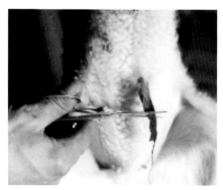

剪断脐带，碘酊消毒

尽快吃到初乳

防寒保暖

4 第四章 绵羊营养与日粮配合技术

营养是动物生长发育的客观需要，饲料是营养物质的供应途径，饲料配合技术就是通过饲料合理搭配最大限度地满足绵羊对营养物质的需求。

在当前绵羊生产中，饲料成本约占总生产成本的70%。首先，弄清楚绵羊需要什么营养物质、为什么需要、需要多少。然后，再弄清楚饲料中有什么营养物质、有多少、利用率如何。最终，通过配方设计、饲料加工和日粮配合技术，解决在不同生产水平和生产目的下绵羊对营养物质的需求问题，是实现绵羊低成本、科学化和标准化饲养的基础。

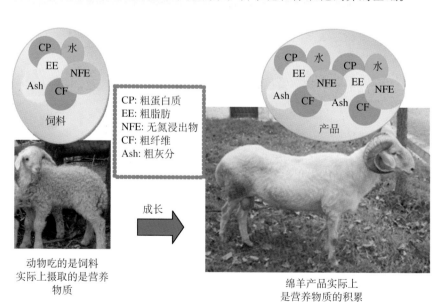

CP: 粗蛋白质
EE: 粗脂肪
NFE: 无氮浸出物
CF: 粗纤维
Ash: 粗灰分

成长

动物吃的是饲料
实际上摄取的是营养
物质

绵羊产品实际上
是营养物质的积累

（山东畜牧总站 王兆凤 制图）

42

第一节　绵羊营养与生理特点

一、绵羊需要的营养物质

● **绵羊饲料中的概略养分**　按照常规饲料分析方法，可将饲料中存在的营养物质分为水分、粗灰分、粗蛋白质（CP）、粗脂肪或乙醚浸出物（EE）、粗纤维（CF）和无氮浸出物（NFE）六大成分。因每一成分都包含着多种营养成分，成分不完全固定，故又称之为概略养分。

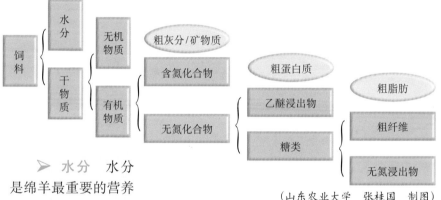

（山东农业大学　张桂国　制图）

➤ **水分**　水分是绵羊最重要的营养物质，绵羊不同生理阶段机体内含水量不同。饲料种类不同，其含水量差异也很大。饲料除去水分后的剩余物质称为干物质。由于绵羊需要的水分可以通过饮水获得，因此，干物质是绵羊日粮配合的首要指标。

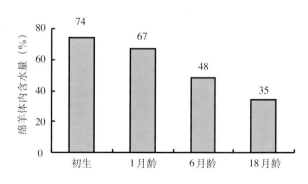

不同生理阶段绵羊体内含水量示意图

（山东农业大学　张桂国　制图）

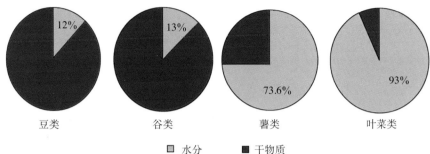

豆类　　　　谷类　　　　薯类　　　　叶菜类

☐ 水分　■ 干物质

不同饲料含水量示意图（山东农业干部管理学院 周佳萍　制图）

➤ **粗灰分**　粗灰分是指饲料中所有物质全部氧化后剩余的灰分，主要为钙、硫、钠、钾、镁等矿物质氧化物或盐类。在实际测定时，有时还含有少量泥沙，故称之为粗灰分或矿物质。饲料干物质除去粗灰分后剩余的物质称为有机物质。有机物质是绵羊最需要的营养物质基础。

➤ **粗蛋白质**　粗蛋白质是指饲料中一切含氮物质的总称。在含氮化合物中，蛋白质不是唯一含氮物质，核酸、游离氨基酸、铵盐等也含有氮，但它们不是蛋白质，因此，称为粗蛋白质。

绵羊不同生理阶段的化学成分（%）

生理阶段	水分	蛋白质	脂肪	灰分
初生羔羊	74	19	3	4.1
瘦羊	74	16	5	4.4
肥羊	40	11	46	2.8
半肥育公羊	61	15	21	2.8

几种常用植物性饲料的化学成分（%）

种类	水分	粗蛋白质	粗脂肪	无氮浸出物	粗纤维	糖类	粗灰分
玉米秸秆，乳熟	19.0	6.9	1.1	44.3	22.5	66.7	6.2
玉米秸秆，蜡熟	18.2	6.0	1.1	44.2	24.1	68.3	6.4

（续）

种类	水分	粗蛋白质	粗脂肪	无氮浸出物	粗纤维	糖类	粗灰分
玉米籽实	14.6	7.7	3.9	70.0	2.5	72.5	1.3
苜蓿干草	10.6	15.8	2.0	41.2	25.0	66.2	4.5
大豆籽实	9.1	37.9	17.4	25.3	5.4	30.7	4.9
小麦整粒	10.1	11.3	2.2	66.4	8.0	74.4	10.1
小麦胚乳	3.7	11.2	1.2	81.4	2.1	83.5	0.4
小麦外皮	14.6	17.6	8.3	7.0	43.9	50.9	8.6
小麦胚	15.4	40.3	13.5	24.3	1.7	26.0	4.8

➢ **粗脂肪** 脂肪是指饲料中油脂类物质的总称，包括真脂肪（甘油三酯）和类脂两类。在营养学研究规定的饲料分析方案中，是用乙醚浸提油脂类物质，把色素、脂溶性维生素等非油脂类物质也包含在其中，故称为粗脂肪或醚浸出物。

➢ **粗纤维** 存在于植物性饲料中，由纤维素、半纤维素、多缩戊糖、木质素及角质素组成的一类物质，是植物细胞壁的主要成分。绵羊体内不含有粗纤维。粗纤维在化学性质和构成上均不一致，纤维素为真纤维，其化学性质稳定，对于绵羊，其营养价值与淀粉相似；半纤维素和多缩戊糖主要由单糖及衍生物构成，但含有不同比例的非糖性质的分子结构，因此，绵羊对其消化利用率相对低；木质素则是最稳定、最坚韧的物质，化学结构极为复杂，对绵羊无任何营养价值。

➢ **无氮浸出物** 饲料中除去水、粗灰粉、粗蛋白质、粗脂肪和粗纤维以外的有机物质的总称，主要包括淀粉等可溶性糖类。绵羊对无氮浸出物的消化利用率很高。常规饲料分析不能测定无氮浸出物含量，通常是用有机

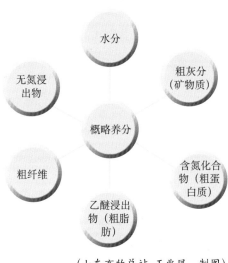

（山东畜牧总站 王兆凤 制图）

物与粗蛋白质、粗纤维和粗脂肪之差来计算。

● 绵羊饲料中的纯养分

➤ **矿物质** 常量元素：钙、磷、钠、钾、氯、硫、镁等。这些元素在绵羊体内的含量在百分之几到万分之几。微量元素：铁、铜、锌、碘、锰、钴、硒等，在绵羊体内的含量为十万分之几至千万分之几。

营养价值

⊙ 参与体组织的结构组成
（钙、磷、镁等）
⊙ 作为酶的组分或者激活剂参与体内物质代谢
（铜、锌、锰、硒等）
⊙ 作为激素组成参与体内代谢调节（碘等）
⊙ 以离子形式维持体内电解质平衡和酸碱平衡
（钠、钾、氯等）

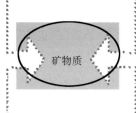

缺乏症

⊙ 钙、磷：佝偻病、骨质疏松、产后瘫痪
⊙ 镁：痉挛、抽搐
⊙ 钠、钾、氯：异食癖、酸碱中毒
⊙ 铁：贫血
⊙ 锌：皮肤不完全角质化
⊙ 铜：贫血、繁殖障碍
⊙ 锰：骨骼异常
⊙ 硒：肌肉营养不良、白肌病

（山东畜牧总站 王兆凤 制图）

➤ **氨基酸** 绵羊瘤胃微生物可以合成自身所需的几乎全部的必需和非必需氨基酸。

营养价值

⊙ 合成体蛋白
⊙ 分解释放能量或转变为糖或脂肪作为能量储备
⊙ 免疫功能
⊙ 影响蛋白质周转代谢

缺乏症

⊙ 氨基酸缺乏或者不平衡会导致动物食欲下降、机体生长受阻、代谢紊乱等一系列症状

（山东农业干部管理学院 周佳萍 制图）

➤ **维生素** 动物代谢所必需而需要量极少的低分子有机化合物。脂溶性维生素：维生素A、维生素D、维生素E和维生素K；水溶性维

生素：B族维生素和维生素C。绵羊瘤胃微生物可合成B族维生素和维生素K。

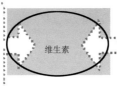

营养价值

⊙ 维生素主要以辅酶和催化剂的形式广泛参与体内代谢，从而保证机体组织器官的细胞结构和功能正常，维持动物健康和各种生产活动

缺乏症

⊙ 维生素A：夜盲症、骨发育不良
⊙ 维生素D：佝偻病
⊙ 维生素E：肌肉营养不良、白肌病
⊙ 维生素C：精子凝集、贫血

（山东农业干部管理学院 周佳萍 制图）

二、绵羊营养生理特点

● **绵羊的复胃结构** 绵羊有4个胃：瘤胃、网胃（蜂窝胃）、瓣胃（重瓣胃）、皱胃（真胃），总容积约为30升，这是反刍的基础。绵羊采食时，未经充分咀嚼，即行吞咽，在休息时再把瘤胃内容物呕回口腔，重新细嚼，并混以唾液，然后咽下。这种动作称为反刍。

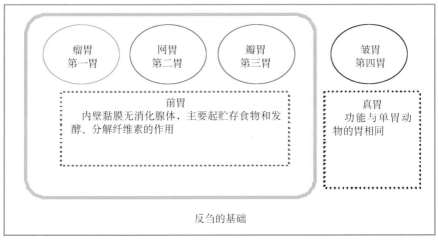

（山东畜牧总站 王兆凤 制图）

● **瘤胃的微生物和功能**　瘤胃微生物是由已知的60多种细菌和纤毛虫组成的，在1毫升瘤胃内容物中，有细菌约100亿个，纤毛原虫约100万个，它们的数量和比例受饲料的组成特性、瘤胃内的pH及各种微生物对瘤胃环境条件的适应能力而定。瘤胃微生物能协助绵羊消化各种饲料并合成蛋白质、氨基酸、多糖及维生素，供其本身的生长繁殖，最后将自己供作宿主的营养物质。

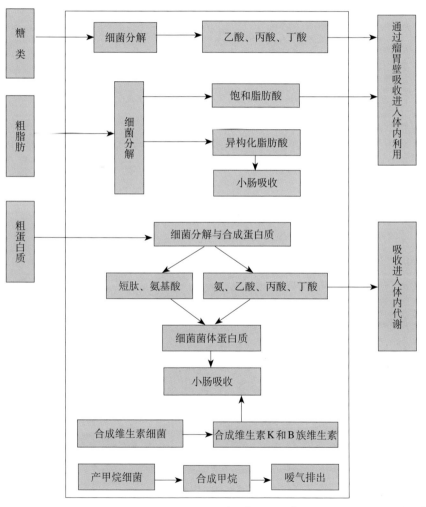

（山东农业干部管理学院　周佳萍　制图）

三、绵羊营养需要量和饲养标准

(山东畜牧总站 王兆凤 制图)

需要量：指绵羊在一定客观条件下对营养物质的客观要求。

供给量：为了某种目的人为提供给绵羊的营养物质量。

饲养标准：根据绵羊的种类、性别、年龄、体重、生理状态和生产性能等条件，应用科学研究成果，并结合生产实践经验制定的绵羊能量和营养物质供给量(定额)及有关资料。

附　绵羊饲养标准

在我国颁布了肉用绵羊的饲养标准，适用于以产肉为主，产毛为辅而饲养的绵羊品种。在此仅列出部分营养需求，详细资料参见NY/T 816—2004。

不同生长阶段绵羊营养需求

生长阶段	体重（千克）	日增重（千克/天）	干物质进食量（千克/天）	代谢能（兆焦/天）	粗蛋白质（克/天）	钙（克/天）	总磷（克/天）	食用盐（克/天）
羔 羊	1	0.02	0.12	0.6	9	0.8	0.5	0.6

（续）

生长阶段	体重（千克）	日增重（千克/天）	干物质进食量（千克/天）	代谢能（兆焦/天）	粗蛋白质（克/天）	钙（克/天）	总磷（克/天）	食用盐（克/天）
育肥羊	15	0.05	0.56	4.78	54	2.8	1.9	2.8
后备公绵羊	12	0.02	0.5	3.36	32	1.5	1	2.5
妊娠绵羊（1~90天）	10		0.39	3.94	55	4.5	3	2
泌乳前期母羊（泌乳量0.50千克/天）	10		0.39	4.7	73	2.8	1.8	2
泌乳后期母羊（泌乳量0.50千克/天）	10		0.39	5.66	108	2.8	1.8	2

绵羊对日粮中维生素的需要量（以干物质为基础）

维生素种类	生长羔羊（4~20千克）	育成母羊（25~50千克）	育成公羊（20~70千克）	育肥羊（20~50千克）	妊娠母羊（40~70千克）	泌乳母羊（40~70千克）
维生素A（国际单位/天）	188~940	1 175~2 350	940~3 290	940~2 350	1 880~3 948	1 880~3 434
维生素D（国际单位/天）	26~132	137~275	111~389	111~278	222~440	222~380
维生素E（国际单位/天）	2.4~12.8	12~24	12~29	12~23	18~35	26~34

绵羊对日粮中矿物质的需要量（以干物质为基础）

矿物质种类	生长羔羊（4~20千克）	育成母羊（25~50千克）	育成公羊（20~70千克）	育肥羊（20~50千克）	妊娠母羊（40~70千克）	泌乳母羊（40~70千克）	最大耐受量
硫（克/天）	0.24~1.2	1.4~2.9	2.8~3.5	2.8~3.5	2.0~3.0	2.5~3.7	—
钴（毫克/千克）	0.018~0.096	0.12~0.24	0.21~0.33	0.2~0.35	0.27~0.36	0.3~0.39	10
铜（毫克/千克）	0.97~5.2	6.5~13	11~18	11~19	16~22	13~18	25

（续）

矿物质种类	生长羔羊（4～20千克）	育成母羊（25～50千克）	育成公羊（20～70千克）	育肥羊（20～50千克）	妊娠母羊（40～70千克）	泌乳母羊（40～70千克）	最大耐受量
碘（毫克/千克）	0.08～0.46	0.58～1.2	1.0～1.6	0.94～1.7	1.3～1.7	1.4～1.9	50
铁（毫克/千克）	4.3～23	29～58	50～79	47～83	65～86	72～94	500
锰（毫克/千克）	2.2～12	14～29	25～40	23～41	32～44	36～47	1 000
硒（毫克/千克）	0.016～0.086	0.11～0.22	0.19～0.30	0.18～0.31	0.24～0.31	0.27～0.35	2
锌（毫克/千克）	2.7～14	18～36	50～79	29～52	53～71	59～77	750

第二节 饲料的加工

饲料加工的目的如下图所示。

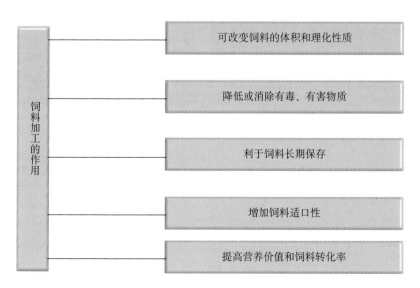

一、谷物精饲料的加工调制

```
                    谷物加工
   ┌────────┬────────┬────────┬────────┬────────┐
  粉碎      压扁    蒸汽压片    膨化      制粒   蒸煮与焙炒
```

| 粉碎至2毫米，绿豆粒大小 | 不增加营养价值 | 破坏某些蛋白质、维生素 | 增加适口性和消化率 | 增成本、破坏部分维生素 | 防止温度过高、时间过久 |

二、青绿多汁饲料的调制

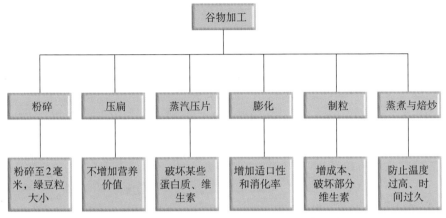

刈割

干草

铡短

粉碎

精料

青饲料＋干草＋精料补充料＝全混合日粮

三、粗饲料的加工与贮藏

粗饲料经过适宜加工处理，可明显提高其营养价值，对开发粗饲料资源具有重要的意义。

干 草 制 作

● **青干草制作** 青干草是由青草（或其他青绿饲料植物）在未结籽实前刈割后干制成的饲料。优质青干草呈绿色，气味芳香，叶量大，含有丰富的蛋白质、矿物质和维生素，适口性好，消化率高。

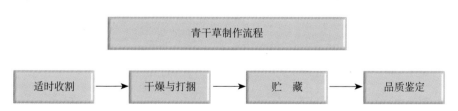

青干草制作流程

| 适时收割 | → | 干燥与打捆 | → | 贮 藏 | → | 品质鉴定 |

➢ 第一步：适时收割

刈割时期：孕穗期至抽穗期

禾本科牧草的刈割

刈割时期：初花期至现蕾期

豆科牧草的刈割

雨天不收割

干燥过程中同样要注意：
及时翻晒、堆积，防止雨淋

➤ 第二步：干燥与打捆

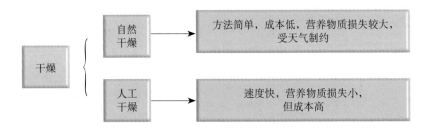

| 干燥 | 自然干燥 | → | 方法简单，成本低，营养物质损失较大，受天气制约 |
| | 人工干燥 | → | 速度快，营养物质损失小，但成本高 |

打捆

为方便运输和贮藏，常把干燥到一定程度的散干草打成草捆

打捆时的含水量一般比贮藏时含水量高，二次打捆时水分含量为14%～17%

➢ 第三步：贮藏

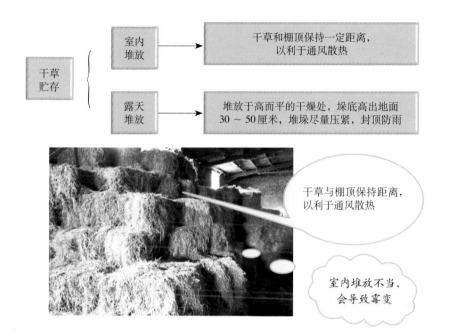

干草与棚顶保持距离，
以利于通风散热

室内堆放不当，
会导致霉变

➢ 第四步：品质鉴定

青干草品质鉴定

品质等级	颜色	养分保存	饲用价值
优良	青绿	完好	优
良好	淡绿	损失小	良
次等	黄褐	损失严重	差
劣等	暗褐	霉变	不宜饲用

● **干草加工** 用调制的干草粉碎做成草粉，是我国当前生产干草粉的主要途径。由于原料和工艺不同，营养价值差别较大。一般以优质的豆科和禾本科牧草为原料，以人工干燥的方法制得的草粉质量较好。当前国际商品草粉中95%都是苜蓿草粉。

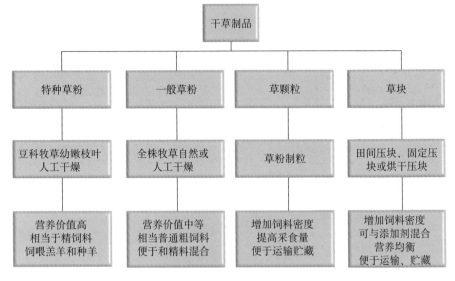

作物秸秆的加工调制

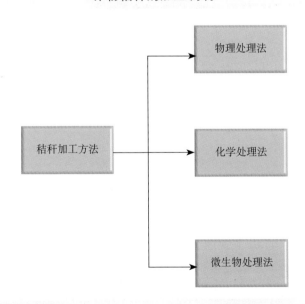

　　● **物理处理法**　主要利用人工、机械、热和压力等方法，改变秸秆物理性状，将其切短、撕裂、粉碎、浸泡和蒸煮软化。

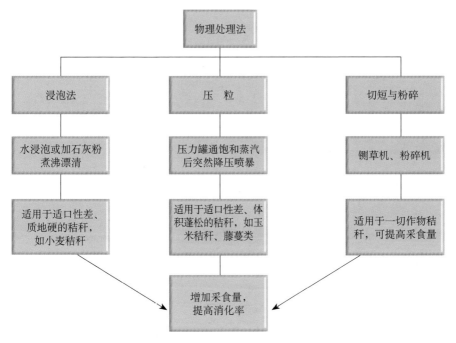

● **化学处理法** 利用酸、碱等化学物质对劣质粗饲料——秸秆饲料进行处理，降解纤维素和木质素等难以消化的物质，以提高其饲用价值。

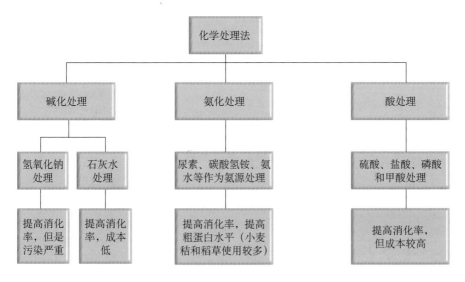

● **微生物处理法** 利用乳酸菌、酵母菌等有益的微生物分解秸秆饲料中的纤维素。生产周期短、速度快，产品生物学价值高、适口性好，利于规模化生产。

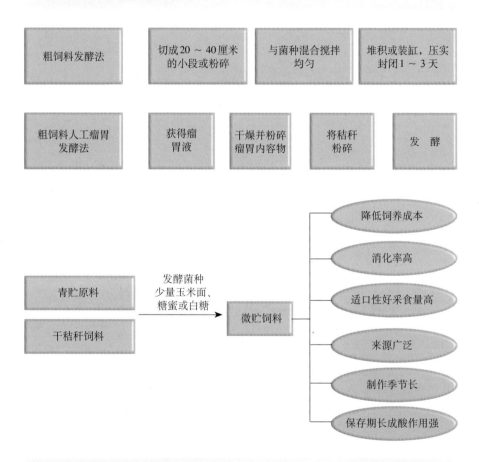

粗饲料营养价值评定

● **饲料品质评定** 饲料品质评定对日粮配制是一件十分重要的工作。通过对牧草等饲料品质的评定，能够准确掌握各种牧草和饲料潜在的饲用价值，有利于提高饲喂技术。青饲料和粗饲料在绵羊日粮中占比例大，其品质的评定尤为重要。

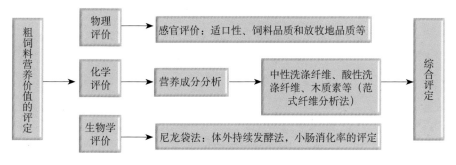

四、青贮饲料的制作

● **青贮原理** 青贮实际上是在厌氧条件下，利用植物体上附着的乳酸菌，将原料中的糖分分解为乳酸，在乳酸的作用下，抑制有害微生物的繁殖，使饲料达到安全贮藏的目的。因此，青贮的基本原理是促进乳酸菌活动而抑制其他微生物活动的发酵过程。

● **青贮种类和特点**

➢ **高水分青贮** 被刈割的青贮原料未经田间干燥即行贮存，一般情况下含水量 70% 以上。这种青贮方式的优点为牧草不经晾晒，减少了气候影响和田间损失。

➢ **凋萎青贮** 在良好干燥条件下，刈割的鲜样经过 4～6 小时的晾晒或风干，使原料含水量达到 60%～70%，再捡拾、切碎、入窖青贮。

➢ **半干青贮** 也称低水分青贮，主要应用于牧草（特别是豆科牧草）。降低水分，限制不良微生物的繁殖和丁酸发酵而稳定青贮饲料品质。调制高品质的半干青贮饲料：首先，通过晾晒或混合其他饲料使原料水分含量达到半干青贮的条件；然后，切碎后快速装填密封性强的青贮容器。

● **青贮设施** 青贮要选择在地势高燥、地下水位较低、距离畜牧舍较近、远离水源和粪尿处理场的地方。青贮设施有多种，可根据养殖规模和经济条件选择。目前常用的是青贮窖/池和青贮袋。

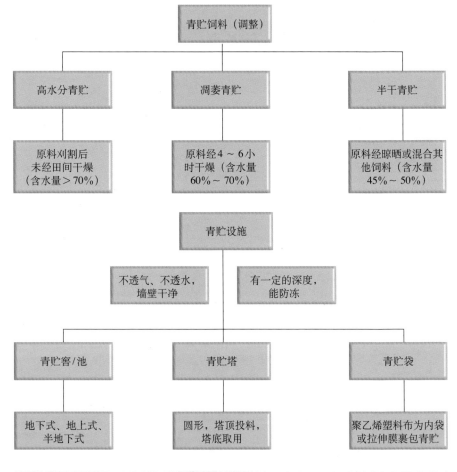

```
青贮饲料（调整）
```

高水分青贮 — 原料刈割后未经田间干燥（含水量＞70%）

凋萎青贮 — 原料经4～6小时干燥（含水量60%～70%）

半干青贮 — 原料经晾晒或混合其他饲料（含水量45%～50%）

青贮设施 — 不透气、不透水，墙壁干净；有一定的深度，能防冻

青贮窖/池 — 地下式、地上式、半地下式

青贮塔 — 圆形，塔顶投料，塔底取用

青贮袋 — 聚乙烯塑料布为内袋或拉伸膜裹包青贮

➢ **青贮窖** 根据比重预算青贮量，预测青贮窖大小。

长方形青贮池，窖口宽度4米左右，深度2米，根据要贮存的青贮数量确定长度

➤ 拉伸膜裹包青贮

拉伸膜裹包青贮，有利于青贮饲料的商品化流通，尤其对优质牧草的青贮采用此种技术较多。把收获的青贮原料调控水分在70%左右，利用打捆机械和包膜机械直接打捆、包膜。贮存1个月左右，可开包饲喂，也可长期保存。

拉伸膜裹包青贮（山东畜牧总站　曲绪仙　提供）

● **青贮步骤**　以玉米秸秆青贮窖青贮为例，青贮饲料制作步骤如下：

➤ **第一步：原料的准备**　适时收割，并调节含水量至65%～70%。一般青贮玉米在蜡熟期收割最适宜。水分含量过高的原料要经过处理或与水分含量少的原料混贮。豆科类原料要进行晾晒失水后进行半干青贮或与禾本科混贮。

| 适时收获 | → | 调节水分 | → | 切碎（2～3厘米）、装填、压实 | → | 密封管理 | → | 分段取用 |

原料的准备　　　　　层层装填＋层层压实　　　　　密封：防"二次发酵"

禾本科蜡熟期青贮　　　　　　豆科牧草初花期青贮

青贮原料的适时收获　（山东农业大学　张桂国　提供）

➢ **第二步：切碎、装填、压实** 原料应边切碎边装填和压实，层层装填，层层压实。在生产中，一般把粉碎机安装在青贮窖的周围，直接把原料切短后填在窖内，同时用机械或人工进行压实。如需加入添加剂，则在装填的过程中要层层加入。装填的饲料可高出青贮窖边缘 10～20 厘米。

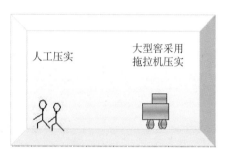

青贮原料的粉碎
（山东农业大学 张崇玉 提供）

青贮窖的装填、压实
（山东农业大学 张桂国 提供）

➢ **第三步：密封** 严密封顶，防止进气进水。装填完毕后立即用无毒聚乙烯塑料薄膜覆盖，将边缘部分全部封严，然后在塑料薄膜上面再覆盖 10～20 厘米土层。

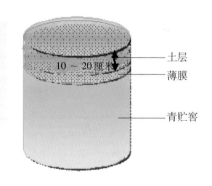

覆土10 ～ 20厘米

无毒聚乙烯塑料薄膜覆盖，边缘全部封严

青 贮 窖 （山东农业大学 杨在宾 提供）

➢ 第四步：取用 一般青贮饲料制作40 ～ 45天以后可以取用。方形青贮窖一般从一头启封，圆形窖从顶部启封，每次取够一天用量。小型青贮池可人工取用，规模大的青贮池可用机械取用，用后盖好，防止与空气接触产生二次发酵。

表层霉烂部分要丢弃

表层发霉的青贮

机械取用

优质青贮

（山东畜牧总站 姜慧新 提供）

● **青贮饲料品质鉴定** 青贮饲料品质鉴定包括感官的鉴定和营养品质的鉴定。

在生产中最常用的就是现场感官鉴定青贮饲料等级，分级标准如下表。

青贮饲料分级标准

标准	色	香	味	手感	结构
优	黄绿、青绿近原色	芳香、醇香	酸味浓	湿润、松散	茎、叶、荏保持原状
中	黄褐、暗褐	刺鼻的酸味，香味淡	酸味中	发湿	柔软，水分稍多
劣	黑色、墨绿	刺鼻臭味	酸味淡	发黏	滴水

● **保证青贮质量的要点**

➤ **原料的选择** 选择适合的原料是保证青贮饲料质量的前提。含糖分较多的饲料原料利于青贮，水分含量较高的和蛋白质含量较高而糖分含量低的原料要先晾晒。

➤ **密封保存** 防止进气、进水。

➤ 取用过程中防止二次发酵。

第三节 绵羊日粮配合技术

日粮配合是参照绵羊饲养标准，科学选择饲料，采用科学配方，满足不同品种在不同年龄、生理状况、生活环境及生产条件下对各种营养物质的需要量。通过日粮配合技术，实现饲料原料的最佳组合，成本的最佳优化；可以充分利用当地农副产品等饲料资源，提高饲料转化率；采用现代化的成套饲料设备，经过特定的加工工艺，将配合饲料中的微量成分混匀，加工成各种类型的饲料产品，保证饲料饲用的营养性和绵羊产品生产的安全性。

一、日粮配合的概念

● **饲料配方的概念** 饲料配方是参照绵羊的饲养标准，利用各种饲料原料而制定的满足不同生理状态下对各种营养物质的需要，并达到预期的某种生产能力的饲料配比。

饲料合理搭配内容

各种饲料间的配比量

各种原料的营养物质之间的互补作用和制约作用

● **设计饲料配方的原则** 饲料配方设计的原则有生理性、营养性、经济性和安全性原则。

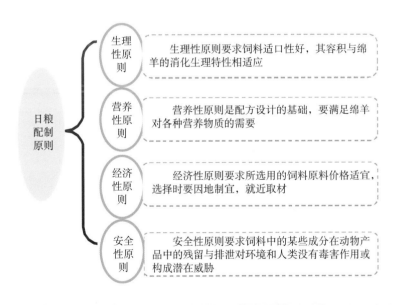

日粮配制原则

生理性原则 生理性原则要求饲料适口性好，其容积与绵羊的消化生理特性相适应

营养性原则 营养性原则是配方设计的基础，要满足绵羊对各种营养物质的需要

经济性原则 经济性原则要求所选用的饲料原料价格适宜，选择时要因地制宜，就近取材

安全性原则 安全性原则要求饲料中的某些成分在动物产品中的残留与排泄对环境和人类没有毒害作用或构成潜在威胁

➢ **生理性原则** 绵羊是反刍动物，青、粗饲料是保障瘤胃发酵正常和绵羊健康的日粮基础。日粮中粗饲料比例越高，质量越好，越有利于绵羊的健康，良好的健康才是绵羊高效、优质、安全规模化生产的前提。如果日粮结构中青、粗饲料比例低于50%，绵羊瘤胃功能和健康就会受到影响。

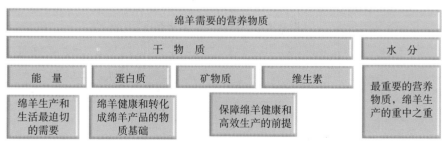

● **营养性原则**　日粮配合的根本目标是满足绵羊生活和生产需要的各种营养物质。绵羊吃的是饲料，真正需要的是其中的营养物质。

在日粮配方设计时，首先必须满足绵羊对能量的要求，其次考虑蛋白质、矿物质和维生素等的需要。日粮配合时，在重视营养物质均衡供应的同时，还要考虑日粮体积应与消化道相适应，饲料的组成应多样化和适口性好。

绵羊需要的营养物质				
干　物　质				水　分
能　量	蛋白质	矿物质	维生素	最重要的营养物质，绵羊生产的重中之重
绵羊生产和生活最迫切的需要	绵羊健康和转化成绵羊产品的物质基础	保障绵羊健康和高效生产的前提		

营养平衡与否的利弊

● **经济性原则**　在绵羊生产中，由于饲料费用占很大比例，配合日粮时，必须因地制宜，充分利用当地饲料资源，巧用饲料，选用营养丰富、质量稳定、价格低廉、资源充足的饲料。

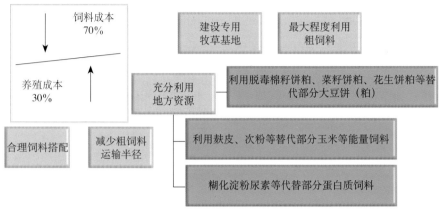

降低饲料成本的方法

● **安全性原则** 绵羊配合饲料生产要兼顾绵羊、人和环境的安全性。控制日粮营养平衡，减少绵羊排泄物氮、磷对环境的危害。

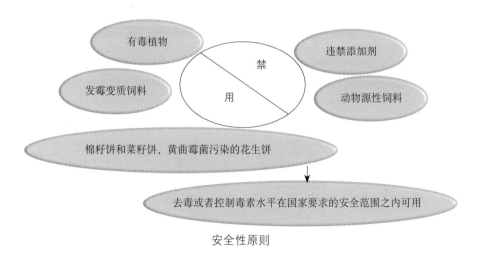

安全性原则

● **日粮配制程序** 首先，将维生素、矿物质饲料、添加剂等与载体配合，制备成预混料，然后，再加植物性蛋白质饲料和能量饲料混合，制备成精料补充料，最终与青饲料、粗饲料混合成全价饲料（全混合日粮）饲喂绵羊。

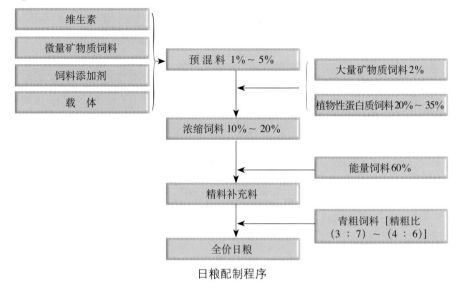

日粮配制程序

二、日粮配合的方法

● **日粮组成** 绵羊饲料以青粗饲料为主，舍饲条件下适当补充精料，以满足不同生产阶段的营养需求。配制日粮时应根据营养需要，注意精、青、粗饲料及添加剂的合理搭配。

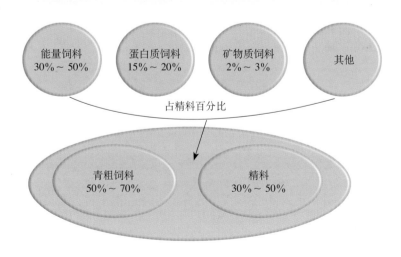

● 日粮配方设计

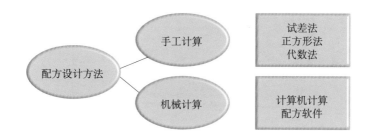

　　下面以试差法为例，介绍绵羊饲料配方的设计步骤。

　　试差法又称凑合法，是将各种原料，根据自己的经验，初步拟定一个大概比例，然后用各自的比例去乘该原料所含的各种养分的百分含量，再将各种原料的同种养分之积相加，计算出各种营养物质的总量。将所得结果与饲养标准进行对照，看它是否与绵羊饲养标准中规定的量相符。如果某种营养物质不足或多余，可通过增加或减少相应的原料比例进行调整和重新计算，反复多次，直至所有的营养指标都能满足要求。这种方法简单易学，学会后就可以逐步深入，掌握各种配料技术，因而广为利用，是目前绵羊场普遍采用的方法之一。

三、绵羊饲料配方要点

绵羊典型日粮配方

　　每个阶段设计：粗料用玉米秸秆青贮+羊草（花生秧、甘薯秧、苜蓿草）。用3%棉籽粕，其余用豆粕，预混料0.5%。

● 妊娠母羊配方实例（%）

配方	1	2	3	4	5
玉米青贮	71.95	56.74	50.64	41.34	67.48
羊草		11.24			
花生秧			12.82		

（续）

配方	1	2	3	4	5
甘薯秧				13.33	
苜蓿草					4.85
精料	28.05	32.02	36.54	45.33	27.67
合计	100.00	100.00	100.00	100.00	100.00
精料成分					
玉米	91.62	91.45	96.87	95.03	97.07
豆粕	4.67	4.36	0.00	2.31	0.00
棉籽粕	0.00	0.00	0.00	0.00	0.00
麸皮	0.00	0.00	0.00	0.00	0.00
食盐	0.72	0.78	0.72	0.66	0.78
磷酸氢钙	1.08	1.45	1.58	1.23	1.24
石粉	1.08	1.05	0.00	0.00	0.00
预混料	0.83	0.91	0.83	0.77	0.91
精料合计	100.00	100.00	100.00	100.00	100.00

备注：1．玉米青贮为玉米秸秆青贮。

2．此配方可满足妊娠母羊，体重30千克，妊娠期1～90天的营养需要量。

● 泌乳母羊配方实例（％）

配方	1	2	3	4	5
玉米青贮	85.30	76.37	76.37	72.27	80.36
羊草		8.44			
花生秧			8.44		
甘薯秧				9.09	
苜蓿草					7.64
精料	14.70	15.19	15.19	18.64	12.00
合计	100.00	100.00	100.00	100.00	100.00

（续）

配方	1	2	3	4	5
原料					
玉米	58.75	54.14	60.86	63.00	67.56
豆粕	37.50	41.14	35.20	33.80	29.06
棉籽粕	0.00	0.00	0.00	0.00	0.00
麸皮	0.00	0.00	0.00	0.00	0.00
食盐	1.07	1.23	1.22	1.07	1.35
磷酸氢钙	0.38	0.86	1.29	0.88	0.47
石粉	1.05	1.20	0.00	0.00	0.00
预混料	1.25	1.43	1.43	1.25	1.56
精料合计	100.00	100.00	100.00	100.00	100.00

备注：1．玉米青贮为玉米秸秆青贮。

　　　2．此配方可满足泌乳前期母羊，体重30千克，泌乳量0.75千克/天的营养需要量。

● **羔羊补料配方实例（％）**

配方	1	2	3	4	5
玉米青贮	82.58	72.66	72.66	67.23	83.36
羊草		8.59			
花生秧			8.59		
甘薯秧				10.08	
苜蓿草					4.16
精料	17.42	18.75	18.75	22.69	12.48
合计	100.00	100.00	100.00	100.00	100.00
原料					
玉米	89.44	89.30	96.05	93.49	96.80
豆粕	6.67	6.25	0.00	3.33	0.00
棉籽粕	0.00	0.00	0.00	0.00	0.00
麸皮	0.00	0.00	0.00	0.00	0.00
食盐	0.96	1.07	1.07	0.96	1.07
磷酸氢钙	0.78	1.13	1.63	1.11	0.88
石粉	1.04	1.00	0.00	0.00	0.00
预混料	1.11	1.25	1.25	1.11	1.25

（续）

配方	1	2	3	4	5
精料合计	100.00	100.00	100.00	100.00	100.00

备注：1. 玉米青贮为玉米秸秆青贮。

2. 此配方可满足生长育肥羔羊，体重10千克，日增重0.06千克/天的营养需要量。

● 后备羊配方实例（%）

配方	1	2	3	4	5
玉米青贮	71.63	73.60	76.37	72.27	80.36
羊草		11.21			
花生秧			8.44		
甘薯秧				9.09	
苜蓿草					7.64
精料	28.37	15.19	15.19	18.64	12.00
合计	100.00	100.00	100.00	100.00	100.00
原料					
玉米	97.20	54.14	60.86	63.00	67.56
豆粕	0.00	41.14	35.20	33.80	29.06
棉籽粕	0.00	0.00	0.00	0.00	0.00
麸皮	0.00	0.00	0.00	0.00	0.00
食盐	0.72	1.23	1.22	1.07	1.35
磷酸氢钙	0.33	0.86	1.29	0.88	0.47
石粉	0.92	1.20	0.00	0.00	0.00
预混料	0.83	1.43	1.43	1.25	1.56
精料合计	100.00	100.00	100.00	100.00	100.00

备注：1. 玉米青贮为玉米秸秆青贮。

2. 此配方可满足后备公绵羊，体重18千克，日增重0.04千克/天的营养需要量。

● 育肥羊配方实例（%）

配方	1	2	3	4	5
玉米青贮	95.65	88.26	88.26	87.88	70.61
羊草		6.52			
花生秧			6.52		
甘薯秧				6.93	
苜蓿草					4.39
精料	4.35	5.22	5.22	5.19	25.00
合计	100.00	100.00	100.00	100.00	100.00
原料					
玉米	0.00	0.00	0.00	0.00	0.00
豆粕	76.73	53.80	67.13	67.13	55.20
棉籽粕	0.00	0.00	0.00	0.00	0.00
麸皮	0.00	23.33	10.00	10.00	12.00
食盐	2.87	2.87	2.87	2.87	4.30
磷酸氢钙	15.67	16.67	16.67	16.67	23.50
石粉	1.40	0.00	0.00	0.00	0.00
预混料	3.33	3.33	3.33	3.33	5.00
精料合计	100.00	100.00	100.00	100.00	100.00

备注：1. 玉米青贮为玉米秸秆青贮。
　　　2. 此配方可满足育肥绵羊，体重15千克，日增重0.2千克/天的营养需要量。

绵羊不同生理阶段配方要点

● **哺乳期羔羊混合日粮配方**　哺乳期羔羊以吃乳为主要的养分来源，一般出生后7～10天就开始跟随母羊采食草料，"早期断奶，及早补饲"是提高羔羊生

羔羊以吃乳为主要营养源哦

产效率的必需步骤。早期补饲可促进羔羊瘤胃的发育，随同母羊一起采食，能使母羊唾液中的微生物定植到羔羊体内。此期内由于羔羊瘤胃尚未发育完好，所以补饲料要以易消化、蛋白质丰富的饲料为主，如豆粕、膨化豆粕、花生粕。干草类以优质的甘薯秧、花生秧、苜蓿草、羊草为主。

● **断奶—育肥期绵羊日粮组成** 羔羊哺乳期为3～6个月，根据生产状况逐渐断奶，完全过渡到以饲料供给营养。断奶后是羔羊生长发育较快的时期，这时期要求营养足量、全面、平衡，同时这一时期，应发挥绵羊耐粗饲的特点，配方中以优质的干草、秸秆类、青贮饲料为主，辅以适量精料，加快育肥速度。从断奶后到育肥期，精料中杂粕类、糟渣类、麸皮、次粉等饲料原料均可逐渐增量使用，在满足营养需要的基础上节约成本。

（山东农业大学 张桂国 制图）

● **种公羊全价日粮配方**　在调配种用公羊全价日粮配方时，除满足营养需求外，在日粮组成上要有选择地使用原料，配种期少用杂粮，多用优质蛋白质饲料，同时特别注意微量元素及维生素的补充。种公羊的日粮质量直接影响其精液质量和使用年限，因此，其日粮组成要选用豆粕、玉米、麸皮、羊草、苜蓿、黑麦草、花生秧、甘薯藤等优质的青、粗、精料。配种期少用或不用青贮饲料。

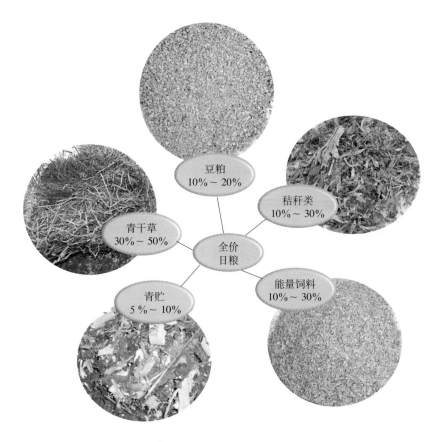

豆粕
10%～20%

秸秆类
10%～30%

青干草
30%～50%

全价
日粮

青贮
5%～10%

能量饲料
10%～30%

● **母羊日粮配合要点**　不同生长阶段的母羊，如后备母羊、妊娠期母羊、哺乳期母羊等，各个阶段有不同的养分需求。妊娠期母羊尽量少喂或不喂青贮料，哺乳期母羊因羔羊每增重1千克，平均要消耗5千克母乳，因此，要给哺乳期母羊加喂精料，补充营养。

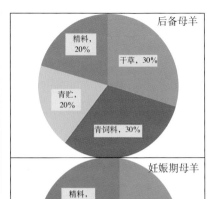

后备母羊

精料，20%

干草，30%

青贮，20%

青饲料，30%

妊娠期母羊

精料，30%

干草，50%

青贮，0

青饲料，20%

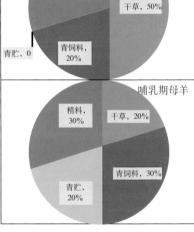

哺乳期母羊

精料，30%

干草，20%

青贮，20%

青饲料，30%

母羊日粮组成比例示例图

（山东农业大学 张桂国 制图）

5 第五章 绵羊饲养管理技术规范

第一节 饲养方式

一、放牧

羊的合群性、采食牧草能力和游走能力很强，这些特性决定了羊适宜于放牧饲养。放牧饲养的优点是能够充分利用天然的植物资源，降低养羊生产成本及增加羊的运动量，有利于羊体健康等。因此，在我国广大牧区和农牧交错地区，应采用放牧饲养的方式来发展养羊业。

放牧羊群

二、半放牧半舍饲

在放牧资源缺乏的地区或冬、春枯草期，单纯放牧饲养不能满足羊的营养需要时，就要采用半放牧半舍饲的饲养方式，舍饲补给一定的饲草和精料，以满足绵羊生长发育的需要，特别是出于特殊生理阶段的羊，如怀孕羊、哺乳羊。配种期种公羊除放牧外，更应加强舍饲饲养管理。

白天放牧，晚上补饲

半放牧半舍饲羊群

三、舍饲

在人口密度较大的农区，放牧草场非常有限，有些地方根本没有放牧场地，但农产品资源丰富，为发展养羊生产，就必须采用舍饲饲养的方式。与放牧饲养方式相比，虽然舍饲饲养生产成本高，但羊群的繁殖率、羊只体重、羔羊的成活率及商品羊的出栏率都大大提高，使得羊群的总产出也相应增加，而且舍饲饲养的羊群易于管理。因此，要提高养羊生产效率，多出、快出好产品，就必须改变传统的放牧饲养方式，走集约化舍饲养羊的道路。

舍饲羊群

第二节　种公羊的饲养管理

俗话说"母好好一窝，公好好一坡"，种公羊对羊群的改良和品质的提高起着重要的作用。它数量较少，种用价值高，对后代的影响大，在饲养管理上要求比母羊高。只有加强饲养管理，才能保持其健壮的繁殖状况，使其营养良好而又不过于肥胖，在配种期性欲旺盛，精液品质良好。

我秀的全是肌肉哈

一、种公羊的饲养

种公羊的日粮必须含有丰富的蛋白质、维生素和矿物质，饲料多样化，营养全面，且易消化，适口性好。

种公羊的日粮应根据非配种期和配种期的饲养标准来配合。从配种前1.0～1.5个月开始，种公羊的日粮应由非配种期逐渐过渡到配种期。在配种期的日粮中，禾本科干草一般占35％～40％，多汁饲料占20％～25％，精饲料占40％～45％。

美味可口、营养丰富的全混合日粮

全混合日粮

二、种公羊的管理

● 单独组群放牧或舍饲

> 天天在一块,
> 累呀, 我要独
> 立空间

公母分群

> 主人,不要让我太辛
> 苦了哈, 快去给我整
> 两个鸡蛋

● **合理控制配种强度** 每天配种1 ~ 2次为宜,旺季可日配种3 ~ 4次,但要注意连配2天后休息1天。在配种期间,每天给公羊加喂1 ~ 2个鸡蛋,在高峰期可每月给公羊喂服1 ~ 2剂温中补肾的中药汤剂。

● **及时进行精液品质分析** 种公羊配种前1 ~ 1.5个月开始采精,同时检查精液品质。开始每周采精1次,以后增加到每周2次,到配种时每天可采1 ~ 2次,不要连续采精。对1.5岁的种公羊,一天内采精不宜超过1 ~ 2次,2.5岁种公羊每天可采精3 ~ 4次。采精次数多的,其间,要有休息。公羊在采精前不宜吃得过饱。

采　精

精液品质分析

● **适量运动**　俗话说"运动决定了精子的活力"，因此，种公羊应按时按量运动，一般每天上午每次2小时，运动时要注意速度，既不要让羊奔跑，也要避免边走边吃和速度缓慢，保证运动质量。

快起来，我们一起运动去……

● **定期进行检疫和预防接种**　对种公羊要定期进行检疫，预防接种羊痘疫苗等，春、秋两季各驱虫一次，并且注意观察日常精神状态。

定期体检

公羊体检

第三节　羔羊的饲养管理

羔羊主要指断奶前处于哺乳期间的羊只。目前，我国羔羊多采用

3～4月龄断奶。有的地方对羔羊采用早期断奶，即在生后1周左右断奶，然后用代乳品进行人工哺乳；还有采用生后45～50天断奶，断奶后饲喂植物性饲料或在优质人工草地上放牧。

一、初乳期羔羊

羔羊出生后，应尽早吃到初乳（母羊产后7天以内的乳）。初乳中含有丰富的蛋白质（17%～23%）、脂肪（9%～16%）、矿物质等营养物质，对增强羔羊体质、抵抗疾病和排出胎粪具有重要的作用。据研究，初生羔羊不吃初乳，将导致生产性能下降，死亡率增加。

初次吮乳的羔羊

喝乳的羊

二、常乳期羔羊

常乳期通常指母羊产后8～60天。常乳是母羊产后第8天至干奶期以前所产的乳汁，它是一种营养完全的食品，因此，一定要让羔羊吃足吃好。从羔羊10日龄开始补饲青干草，训练开食；15日龄后开始调教吃料，在饲槽

补饲羔羊群

里放上用开水烫过的料引导羔羊摄食；从40日龄开始减奶量增草料。

三、断奶羔羊

哈哈，我长大了

从计划断奶开始，逐渐减少哺乳次数，从每天2～3次，逐渐减到每天1次。经过1～2周的适应锻炼，再彻底断奶。断奶后的羔羊应单独组群，近距离放牧。放牧归来的羔羊应在夜间补饲混合精料100～200克，并供给优质青干草，任其自由采食。舍饲

断奶羔羊群

羔羊，日粮应以细脆而营养丰富的苜蓿、燕麦等混合青干草为主，逐渐增加精料饲喂量。其饲喂量以粪便无变化为宜，每天分2～3次供给。

第四节　繁殖母羊饲养管理

对繁殖母羊，要求常年保持良好的饲养管理条件，以完成配种、妊娠、哺乳和提高生产性能等任务。繁殖母羊的饲养管理可分为空怀期、妊娠期和哺乳期3个阶段。

一、空怀期饲养管理

我们想当妈妈了，主人要给我足够营养哦

在配种前1.5个月，应对母羊加强饲养、抓膘、复壮，为配种、妊娠储备足够的营养。对体况不佳的羊，给予短期优饲，即喂给最好的饲草，并补给最优的精料。

空怀母羊群

二、妊娠期饲养管理

妊娠期为150天，可分为妊娠前期和妊娠后期。妊娠前期是妊娠后的前3个月，此期胎儿发育较慢，所需营养较少，但要求母羊能够继续保持良好膘情。日粮可由50%青绿草或青干草、30%青贮或微贮、20%精料组成。妊娠后期是妊娠后的最后2个月，此期胎儿生长迅速，增重最快，初生重的85%是在此期完成的，所需营养较多，应加强饲养管理。

妊娠前期母羊

妊娠后期母羊

妊娠母羊群

三、哺乳期饲养管理

哺乳期为2～3个月，分哺乳前期和哺乳后期。哺乳前期即羔羊生后的1个月，此时羔羊营养主要依靠母乳，因此，应尽可能多地提供母羊优质饲草、青贮或微贮、多汁饲料，精料要比妊娠后期略有增加，饮水要充足。

母羊泌乳在产后30天达到高峰，60天开始出现下降，这个泌乳规律正好与羔羊胃肠机能发育相吻合。60天后，羔羊已从以吃母乳为主的阶段过渡到了以采食饲料为主的阶段，此时便进入母羊的哺乳后期。

哺乳后期，羔羊已能采食饲料，对母乳依赖度减小，应以饲草、青贮或微贮为主进行饲养，可以少喂精料。

瞧，我多幸福，但一定要让我吃饱啦

我有2个可爱的宝宝，精料每天要给我补0.5～0.6千克哦

哺乳期羊群

我只有1个宝宝，每天要给我补精料0.3～0.4千克哦

第五节　肉羊肥育

一、肥育前的准备工作

● **饲草料的准备**　肉羊肥育前应合理安排种植人工牧草、收购农作物秸秆和制作青贮饲料。"兵马未动，粮草先行"，就是说明了储备草料的重要性。一般情况下，肥育羊每天每只需干草1千克，或青贮饲料3千克，精饲料0.5～1.0千克。

精料与粗料

● **圈舍的准备**　肉羊肥育前，对圈舍进行全面的检查和修缮，发现问题，及时处理。对圈舍的地面和墙壁要用氢氧化钠溶液或其他消毒液进行全面消毒，饮水槽（器）、饲槽等肥育期间的用具也要一并消毒，晾干后待用。羊舍面积按每只羔羊1米^2，大羊1.5米^{2}计算，保证肥育羊只的运动、歇卧面积。饲槽长度要与羊数相称，大羊的槽位应为40～50厘米，羔羊20～30厘米。

瞧，多干净，我好想早早进来住……

羊　舍

● **肥育开始前，对羊只进行疫苗免疫、驱虫、修蹄和去势**　按现代畜牧生产要求，用于肥育的新生羔羊都必须按照规定进行疫苗免疫、驱虫、修蹄和去势。

消 毒

免疫注射

● **肥育羊的分群** 用于肥育的羊只来源和组成可能会比较复杂，体重、品种和性别也参差不齐。肥育前要根据品种、年龄、性别分别组群，单独分圈饲养。若羊只规模很大，也可以考虑按照膘情进一步分群饲养，这样可以避免因采食量的差异影响整体的肥育效果。通常可以将肥育羊

肥育羊群

群分为羯羊群、淘汰母羊群、当年羔羊群、土种羊群和杂种羔羊群等。这样可以根据不同羊群的生理状态、营养需要采取不同的饲养管理方法，有的放矢，提高肥育效果。

● **制定合理的饲料配方** 要求肥育期间的饲料营养丰富、全面，适口性好，蛋白质饲料的全价性好，能量含量高，同时要供给各种必需的矿物质及维生素，使羔羊增重快，肥育效果好。

羊肥育饲料配方

羔羊		3月龄	5月龄
配方组成（%）	玉 米	61.75	66.50
	麸 皮	9.50	8.55

（续）

羔羊		3月龄	5月龄
	胡麻饼	4.75	5.70
	蚕 豆	19.00	14.25
配方组成（%）	膨润土	3.00	3.00
	食 盐	1.00	1.00
	羔羊肥育预混料	1.00	1.00
每天饲喂量（千克/只）		0.60	0.78

二、肉羊的肥育方法

根据自然条件不同，可分为放牧肥育法、舍饲肥育法和放牧加补饲肥育法。

● **放牧肥育法** 适合于牧区和野草资源丰富的半农半牧区、山区，也可充分利用农作物收获后农田剩余、散落的作物籽实、杂草及草籽等。

放牧肥育羊群

● **舍饲肥育法** 适用于放牧条件差和养殖规模小的地区，肥育期间要按强弱、大小、公母分群饲养，提供一定的活动场地，饲草、饲料要充足，品种多样，干净新鲜，还要补喂一定量的精料，注意给羊饮水、补盐，并做好圈舍卫生、通风防潮，防止疫病的发生。

集中舍饲肥育羊群

● **放牧加补饲肥育法**　放牧加补饲肥育法是农区和半农半牧区常用的肥育方法，一般有两种情况：一种是放牧肥育到秋末草枯后，再舍饲30～40天，进一步提高产肉量和品质；另一种是单靠放牧不能满足快速肥育的营养需求，采取放牧后再补饲的混合肥育方法，以缩短生产周期、增加产肉量。

放牧加补饲肥育羊群

第六节　其他管理

一、编号

编耳号是养羊日常工作中不可缺少的一个重要环节，常用的方法是插耳标法。

● **插耳标法** 耳标用铝或塑料制成，有圆形和长方形两种。耳标上面有特制的钢字打的号码。耳标插于羊的耳基下部，避开血管打孔并用酒精消毒。为查找方便，可将公羊耳标挂于左耳，末位数字用单数，母羊耳标挂于右耳，末位数字用双数。

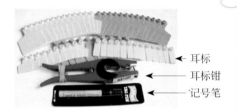

耳标
耳标钳
记号笔

二、修蹄

羊的蹄形不正或蹄形过长，将造成行走不便，影响放牧或发生蹄病。尤其是对于舍饲时间较长的肉用羊，由于其体格硕大、体重大，运动量小,加之蹄壳生长较快,如不整修,易成畸形,导致系部下坐,步履艰难,严重时羊跛行,从而影响其生产性能和公羊的配种能力。因此,每年至少要给羊修蹄一次。修蹄时间一般在夏、秋季节,此时蹄质软,容易修剪。修剪时应先用蹄剪或蹄刀去掉蹄部污垢,把过长的蹄壳削去,再将蹄底的边沿修整到与蹄底齐平,修到蹄可见淡红色的血管为止,并使羊蹄成椭圆形。修蹄时要细心,不能一刀削得过多,以避免损伤蹄肉。一旦发生出血,可涂上碘酒或用烙铁微微一烫,但不可造成烫伤。

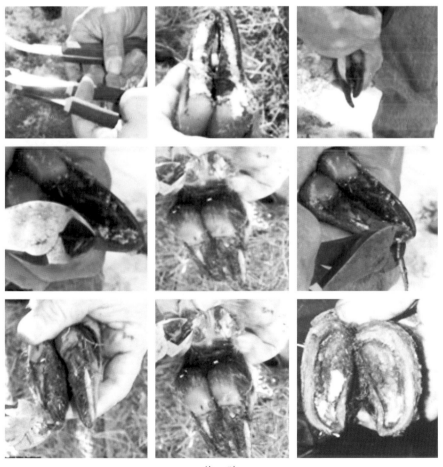

修 蹄

三、断尾

羔羊断尾既可以预防其甩尾沾污被毛，又可以提高皮下脂肪及肌间脂肪含量，改善羊肉品质。羔羊断尾时间以出生后1～2周为宜。断尾可与去势同时进行，选择晴天无风的早晨进行。断尾方法有以下几种。

● **结扎法** 用弹性较好的橡皮筋，套在羔羊第三、四尾椎之间，紧紧勒住，断绝血液流通，大约过10天尾巴即自行脱落。

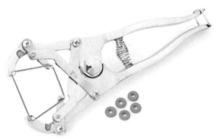

结扎断尾

● **热断法** 热断法可用断尾铲或断尾钳进行。用断尾铲断尾时，首先要准备两块20厘米见方的木板。一块木板的下方挖一个半月形的缺口，木板的两面钉上铁皮，另一块仅两面钉上铁皮即可。操作时，一人把绵羊固定好，两手分别握住羔羊的四肢，把羔羊的背贴在固定人的胸前，让羔羊蹲坐在木板上。操作者用带有半月形缺口的木板，在尾根第三、四尾椎间，把尾巴紧紧

没有那大大的尾巴，我可利索多了

地压住。用灼热的断尾铲紧贴木块稍用力下压，切的速度不宜过急，若有出血，可用热铲再烫一下即可，然后用碘酒消毒。

四、剪毛

● **剪毛次数和时间**　通常一年剪1次毛，时间为4月中下旬，夏季炎热地区可于夏季再剪1次。剪毛时间依当地气候变化而定。剪毛过早，羊易遭冻害，过迟影响羊体散热，出现羊毛自行脱落而造成经济损失，同时经常会使公羊阴茎部发炎而影响正常采精。

● **准备工作**　剪毛要选择晴天进行。剪毛场地应干燥清洁，地面为水泥地或铺晒席，以免污染羊毛。要提前准备好剪毛用具，如剪子、磨刀石、秤、麻绳、装毛袋、消毒用碘酒和记录本等。剪毛前12小时停水、停料，以免在剪毛过程中羊排粪尿而污染羊毛、场地或因饱腹翻转羊体时而发生胃肠扭转，给剪毛工作带来不便。

● **剪毛方法**　剪毛方法有人工剪毛和机械剪毛两种。剪毛时先把羊的左侧前后肢用绳子捆紧，使羊左侧卧地，剪毛人员先蹲在羊的背侧，从羊的大腿内侧开剪，然后剪腹部、胸部、体侧、外侧前后腿，直至剪到背中线，再用同样的方法剪完另一侧的毛，最后剪头部毛。剪毛时，应让羊毛呈自然状态，剪刀要放平，紧贴羊的皮肤，毛茬要整齐，避免重剪。若因不慎，剪破绵羊皮肤，要及时涂上碘酒，以防感染。

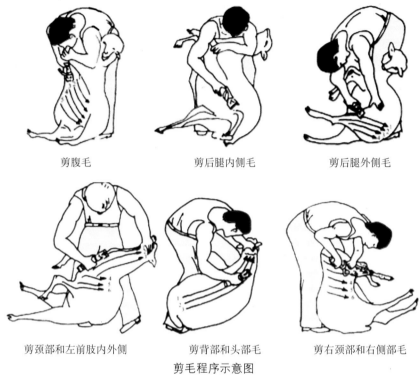

| 剪腹毛 | 剪后腿内侧毛 | 剪后腿外侧毛 |

| 剪颈部和左前肢内外侧 | 剪背部和头部毛 | 剪右颈部和右侧部毛 |

剪毛程序示意图

五、药浴

● **药浴池** 一般用水泥、沙、砖或石块砌成，长方形水沟状，深约1米，长10米左右，底宽40～60厘米，上宽60～80厘米，以一只羊能够通过而不能转身为度。入口处设漏斗形围栏并呈陡坡，使羊依顺序迅速滑入池中，出口处筑成台阶，使羊出药浴池后在台阶上滴流药液，流回池内。池旁应设有炉灶和水源。

● **药浴方法** 药浴是为了预防和驱除羊疥癣、蜱、虱等体外寄生虫。羊药浴可用0.1%～0.2%的杀虫脒溶液或0.5%～1%敌百虫溶液或0.05%蝇毒磷溶液等。一般是在剪毛后7～10天进行第1次药浴，8～14天后第2次药浴。药浴时必须让药液淹没羊体，临近出口时应将羊头按入药液内1～2次。对新购回的羊只，在天气暖和时应统一进

药 浴 池

行药浴，以防带入病原。

● **药浴注意事项** 怀孕 2 个月以上的母羊不进行药浴；药浴前8小时停喂饲料；入浴前2～3小时给羊饮足水，以免羊进入浴池后饮药液；先让健康羊药浴，后让患病羊药浴；可选用淋浴或喷雾法对羊只进行药浴。

6 第六章 环境卫生与防疫

第一节 环境卫生

一、卫生条件

羊场环境卫生的好坏与疫病的发生有着密切的关系。羊场建设要符合《畜禽场环境质量标准》要求，确保羊场不污染周围环境，周围环境也不污染羊场环境。羊场要与外界隔离，羊舍之间要有绿化带。

羊舍与外围相对隔离

羊舍周围的绿化带

羊舍之间的绿化带

羊场净道、污道严格分开。羊舍、场地及用具应保持清洁、干燥。对清除的粪便和污物应集中堆积发酵处理。对羊舍周围的杂物、垃圾及乱草堆等，要及时清除。认真开展杀虫、灭鼠工作，保障羊场清洁卫生。

净道、污道严格分开

保持羊舍内清洁、干燥　　　　运动场的清洁也很重要

垃圾集中堆积发酵处理

二、粪污处理

　　羊场粪污处理本着"综合利用为主，设施处理为辅"的原则，实施"雨污分离、干湿分离、粪尿分离"，削减污染物的排放总量。对养羊生产中产生的粪尿及废弃物，通过实施堆积发酵、土地净化、沼气

利用，实现种养结合或综合养殖模式，发展农牧结合的生态羊业，可以有效地杜绝因不良处理甚至不处理粪尿及废弃物造成对环境的污染。

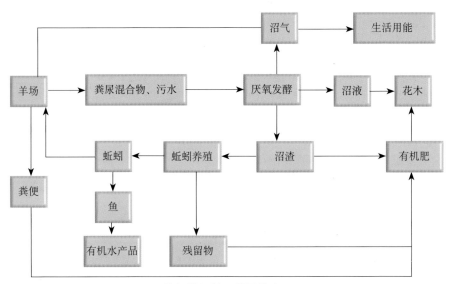

羊场粪污循环利用模式图

羊舍粪尿分离

羊粪堆积发酵

发酵后的羊粪用于种草

羊粪沼渣作为蚯蚓养殖原料

羊粪发酵处理后加工成有机肥

羊粪尿作为沼气池原料 　　　　　　　　　沼液养鱼

第二节　羊场防疫

一、羊场消毒措施

● **羊场生产区和隔离区消毒设施布置**　在标准化绵羊场的生产区、隔离区要设置进出车辆消毒池。每栋羊舍也要有工作人员进出消毒池。生产区入口应设置消毒间，供工作人员进出更衣消毒。

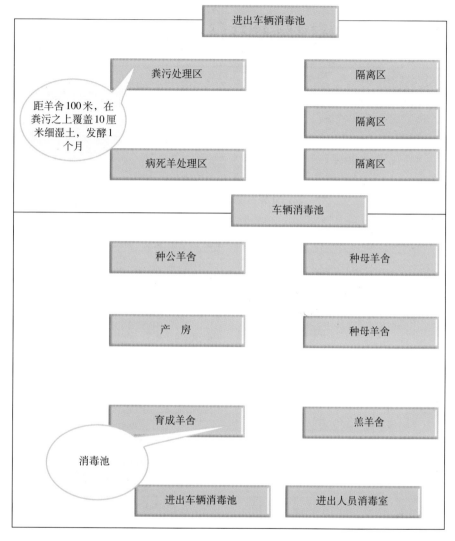

● **进出车辆消毒** 羊场入口处设消毒池和消毒喷洒设备，主要对进出场的车辆进行消毒。常用消毒池的尺寸为：长4～5米、宽3～6米、深0.1～0.3米。池底要有一定的坡度，池内设排水孔，常用2%氢氧化钠溶液。

消 毒 池

车辆喷洒消毒液

● **人员消毒**　消毒室内安装不同方向的紫外灯，有效灭菌杀毒。地面定期喷洒氢氧化钠溶液（2%）或放置浸润氢氧化钠溶液的麻袋。室内应配备工作服、工作帽及胶鞋。

工作人员洗手消毒

衣物更换室

更换鞋子

紫外消毒室

喷雾消毒　　　　　　　　　　　脚踏消毒液

● **羊舍消毒**　定期对分娩栏、补料槽、饲料车、料桶等饲养用具进行消毒。每批羊只出栏后，要彻底清扫羊舍，采取喷雾、火焰、熏蒸等方式消毒。

> 羊舍和运动场选用任何一种方法每周消毒1次：10%～20%石灰乳溶液，10%漂白粉溶液，3%来苏儿，5%热草木灰溶液，2%～4%氢氧化钠溶液，百毒杀溶液[1:（1 800～3 000）]

二、羊场检疫程序

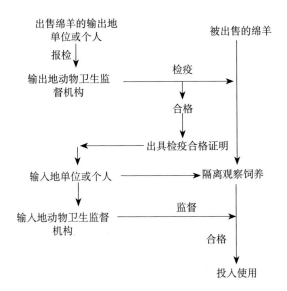

规模化羊场引种的检疫程序

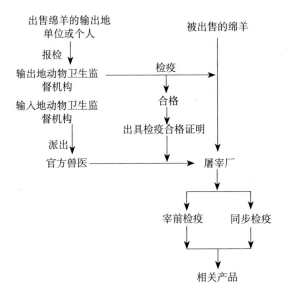

规模化羊场调出种羊、羊进入屠宰的检疫程序

三、绵羊免疫与驱虫规程

绵羊免疫与驱虫规程

药物/疫苗	接种时间	接种方式	备注
土霉素、磺胺五甲氧嘧啶、新诺明等	1～3日龄	口服	预防羔羊痢疾
阿维菌素等	春、秋季	注射或口服	驱虫
绵羊传染性胸膜肺炎灭活疫苗	15日龄	皮下注射	每年免疫1次
绵羊痘灭活疫苗	2月龄	皮内注射	每年免疫1次
口蹄疫灭活疫苗	2.5月龄	肌内注射	以后每6个月免疫1次
羊梭菌病三联四防灭活疫苗	3月龄	肌内注射	以后每6个月免疫1次
羊梭菌病三联四防灭活疫苗	母羊产羔前2～4周	肌内注射	加强免疫

7 第七章 绵羊疾病防治

第一节 绵羊疾病临床诊断方法

一、绵羊的部分正常生理常值

项　　目	正常生理常值
体温（℃）	38.5 ~ 39.5
脉搏（次/分）	70 ~ 80(羔羊100 ~ 130)
呼吸频率（次/分）	12 ~ 24
瘤胃蠕动（次/分）	3 ~ 6
发情周期（天）	14 ~ 19
妊娠期（天）	144 ~ 151

二、绵羊疾病诊断

● **绵羊整体状态观察** 观察患病绵羊的精神状态、体格、营养发育状态、姿势、体态与运动状态。

营养、发育、运动状态观察

大群观察

● **毛、皮外观检查** 检查患病绵羊被毛的光色、长度及清洁度，检查皮肤的颜色、温度、湿度、弹性及损伤等。检查皮下组织是否有肿胀，注意肿胀的大小、形态、硬度、内容物性状、温度、移动性、敏感性等。

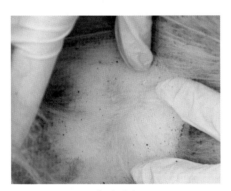

皮肤观察

皮下组织肿胀检查

● **可视黏膜检查** 主要检查眼结膜、口腔黏膜、鼻黏膜及阴道黏膜的色泽或分泌物的性状。

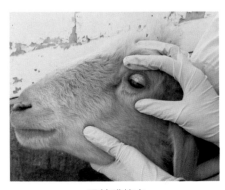

眼结膜检查

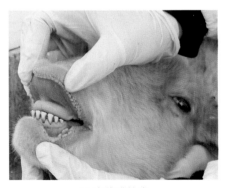

口腔黏膜检查

● **浅表淋巴结和体温检查**　临床上常检测的淋巴结有下颌淋巴结、颈浅淋巴结、腹股沟淋巴结等，检查淋巴结的位置、大小、结构、硬度、形状、活动性、敏感性等。健康羊的体温为38.5～39.5℃。

下颌淋巴结检测

颈浅淋巴结检测

腹股沟淋巴结检测　（谢之景）

体温检查　　　　（谢之景）

● **心血管和呼吸系统检查**

➢ 心血管系统　心脏听诊主要辨别心音、频率、强度、性质、节律等。动、静脉的检查主要包括动脉脉搏、浅表静脉的充盈度等。

➢ 呼吸系统　检查患病绵羊的呼吸频率、呼吸类型、呼吸的对称性、呼吸节律，是否呼吸困难、咳嗽，鼻液的颜色及性状，呼吸音是否有异常，膈肌是否痉挛，喉部、胸部触诊是否敏感等。

心脏听诊

气管听诊

肺部听诊

肺部叩诊

● **消化系统检查** 观察患病绵羊的饮食状态，检查口、咽、食管、腹部、胃肠、排粪动作及粪便检查等。

食管检查

左胁部听诊

右胁部听诊

左胁部间接叩诊

右胁部间接叩诊

直肠检查

● **泌尿生殖系统检查** 观察患病绵羊的排尿姿势，尿的颜色、次数及数量，检查泌尿器官及生殖器官是否异常。

阴道检查

● **运动系统检查** 检查动物是否有跛行、关节炎、蹄病等。

腕关节检查

蹄部检查

三、常规治疗方法

● **口服法** 通过饮水或拌料经口服给药，是在临床实践中常用的给药途径，操作简单，省时、省力。经口灌药适用于食欲、饮欲下降严重或拒食的绵羊。

● **注射法** 使用注射器或输液器直接将药液注入绵羊体内的给药方法，包括皮内注射、皮下注射、肌内注射、静脉注射、腹腔注射等。

● **皮肤、黏膜给药** 将药物用于绵羊的体表或黏膜，以杀灭体表寄生虫或微生物，促进黏膜修复的给药方法，主要包括药浴、涂擦、点眼、阴道及子宫冲洗等。

经胃导管给药

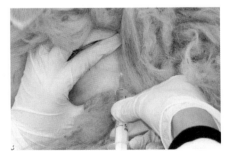

肌内注射给药

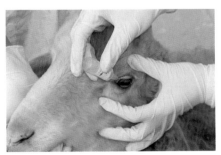

眼结膜给药

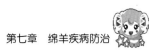

附 无公害食品 畜禽饲养兽药使用准则（NY5030—2006）

无公害食品 畜禽饲养兽药使用准则

序号	兽药及其他化合物名称	禁止用途	禁用动物
1	β-兴奋剂类：克仑特罗Clenbuterol、沙丁胺醇Salbutamol、西马特罗Cimaterol及其盐、酯及制剂	所有用途	所有食品动物
2	性激素类：己烯雌酚Diethylstilbestrol及其盐、酯及制剂	所有用途	所有食品动物
3	具有雌激素样作用的物质：玉米赤霉醇Zeranol、去甲雄三烯醇酮Trenbolone、醋酸甲孕酮Mengestrol Acetate及制剂	所有用途	所有食品动物
4	氯霉素Chloramphenicol及其盐、酯（包括琥珀氯霉素Chloramphenicol Succinate）及制剂	所有用途	所有食品动物
5	氨苯砜Dapsone及制剂	所有用途	所有食品动物
6	硝基呋喃类：呋喃唑酮Furazolidone、呋喃它酮Furaltadone、呋喃苯烯酸钠Nifurstyrenate sodium及制剂	所有用途	所有食品动物
7	硝基化合物：硝基酚钠Sodium nitrophenolate、硝呋烯腙Nitrovin及制剂	所有用途	所有食品动物
8	催眠、镇静类：安眠酮Methaqualone及制剂	所有用途	所有食品动物
9	林丹（丙体六六六）Lindane	杀虫剂	水生食品动物
10	毒杀芬（氯化烯）Camahechlor	杀虫剂、清塘剂	水生食品动物
11	呋喃丹（克百威）Carbofuran	杀虫剂	水生食品动物
12	杀虫脒（克死螨）Chlordimeform	杀虫剂	水生食品动物
13	双甲脒Amitraz	杀虫剂	水生食品动物
14	酒石酸锑钾Antimonypotassiumtartrate	杀虫剂	水生食品动物
15	锥虫胂胺Tryparsamide	杀虫剂	水生食品动物

（续）

序号	兽药及其他化合物名称	禁止用途	禁用动物
16	孔雀石绿 Malachite green	抗菌、杀虫剂	水生食品动物
17	五氯酚酸钠 Pentachlorophenolsodium	杀螺剂	水生食品动物
18	各种汞制剂。包括：氯化亚汞（甘汞）Calomel、硝酸亚汞 Mercurous nitrate、醋酸汞 Mercurous acetate、吡啶基醋酸汞 Pyridyl mercurous acetate	杀虫剂	动物
19	性激素类：甲基睾丸酮 Methyltestosterone、丙酸睾酮 Testosterone Propionate、苯丙酸诺龙 Nandrolone Phenylpropionate、苯甲酸雌二醇 Estradiol Benzoate 及其盐、酯及制剂	促生长	所有食品动物
20	催眠、镇静类：氯丙嗪 Chlorpromazine、地西泮（安定）Diazepam 及其盐、酯及制剂	促生长	所有食品动物
21	硝基咪唑类：甲硝唑 Metronidazole、地美硝唑 Dimetronidazole 及其盐、酯及制剂	促生长	所有食品动物

注：食品动物是指各种供人食用或其产品供人食用的动物。

第二节　绵羊常见疾病防治

一、常见寄生虫病的防治

绵羊的寄生虫病是养羊生产中极为常见和危害特别严重的疾病之一。

加强饲养管理，提高羊的体质和抵抗力；治疗病羊，消灭体内外病原，防止感染其他羊群，进行外环境驱虫；消灭中间宿主，切断传播途径，搞好圈舍卫生，减少感染机会；实行药浴，一般在4—5月及10—11月各进行一次，当年羔羊应在7—8月进行一次。

体内寄生虫驱虫药物

药 物	作 用
丙硫苯咪唑	广谱驱虫药，驱线虫、绦虫、肝片吸虫，妊娠45天内禁用
氯氰碘柳胺钠	主要用于防治羊肝片吸虫、胃肠道线虫及羊鼻蝇蛆
吡喹酮、氯硝柳胺	驱绦虫
碘醚柳胺	驱吸虫
贝尼尔、黄色素	抗梨形虫及附红细胞体
莫能菌素、地克珠利	抗球虫

羊 疥 癣

药浴驱除体外寄生虫

● **绵羊附红细胞体病** 由附红细胞体感染绵羊引起的以高热、眼结膜苍白、贫血、呼吸困难、黄尿、腹泻/便秘交替、消瘦而衰竭死亡等为特征的疫病。血液稀薄，凝固不良，后期全身性黄疸。肺淤血、出血，肝肿大、表面有黄色条纹或灰白色坏死灶，脾肿大变软，易继发细菌感染。可选用贝尼尔每千克体重6毫克深层肌内注射，每隔48小时一次，连用3次，同时选用其他广谱抗生素防止继发感染。

● **食道口线虫病** 食道口线虫寄生于绵羊的大肠，尤其是结肠引起，肠壁形成结节病变。可用阿苯达唑每千克体重10～15毫克，一次口服。伊维菌素每千克体重0.2毫克，一次口服或皮下注射。

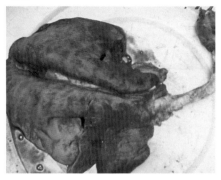

肺淤血、出血

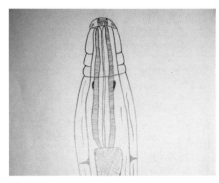

甘肃食道口线虫

● **羊球虫病** 阿氏艾美耳球虫对绵羊的致病力最强，患病羊腹泻，粪便常带有血液、含大量虫卵，恶臭，可视黏膜苍白，消瘦，常发生死亡。可用氨丙啉，口服，每千克体重20毫克，连用5天；也可用磺胺喹噁啉，每千克体重12.5毫克，配成10%溶液灌服，2次/天，连用3～4天。

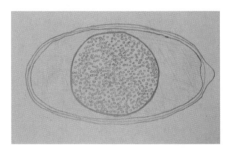

阿氏艾美耳球虫

● **羊绦虫病** 绦虫虫体大且生长快，可夺取大量营养物质，导致绵羊发育不良，腹泻，贫血，消瘦。可用阿苯达唑每千克体重10～20毫克，配成1%溶液灌服。吡喹酮，每千克体重10～15毫克，一次性口服。

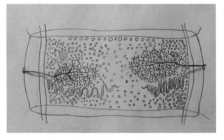

扩展莫尼茨绦虫成熟节片

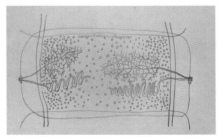

贝氏莫尼茨绦虫成熟节片

患病羊消瘦

● **羊疥螨病** 病羊奇痒，皮炎，脱毛，患部逐渐向周围扩展，具有高度传染性。伊维菌素每千克体重0.2 ~ 0.3毫克，一次口服或皮下注射。

疥螨雌虫腹面

● **羊狂蝇蛆病** 羊狂蝇的幼虫寄生在羊的鼻腔及其附近的腔窦内引起，鼻黏膜肿胀、发炎、出血，鼻液增加，流脓性鼻涕，打喷嚏，呼吸困难。可用伊维菌素（有效成分0.2毫克/千克），1%溶液皮下注射；敌百虫每千克体重75毫克，兑水口服；氯氰碘柳胺钠每千克体重5毫克，口服；或每千克体重2.5毫克皮下注射。

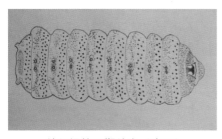

羊狂蝇第三期幼虫（腹面）　　　　　羊狂蝇第三期幼虫（背面）

二、常见传染病的防治

● **羊传染性胸膜肺炎** 由多种支原体感染引起的一种高度接触性传染病，以高热、咳嗽、胸和胸膜发生浆液性、纤维素性炎症为主要临床特征，取急性或慢性经过，病死率高。免疫接种是预防该病的有效手段。对于病羊可用新胂凡纳明（成年羊每千克体重0.4～0.5克，5月龄以上幼羊0.2～0.4克，羔羊0.1～0.2克，每3天注射1次）、10%氟苯尼考注射液（绵羊每千克体重0.05毫升肌内注射，每天1次）、泰妙菌素（每100千克饮水中加入5克给羊自由饮水，连用7天）等进行治疗。

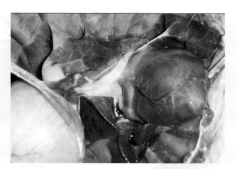

肺与胸膜发生纤维性粘连

● **羊梭菌性疾病** 由梭状芽孢杆菌属中的细菌感染羊引起的一类急性传染病，包括羊快疫、羊猝疽、羊肠毒血症、羊黑疫和羔羊痢疾，易造成急性死亡，对养羊业危害很大。羊快疫是由腐败梭菌引起，以真胃出血性炎症为特征；羊猝疽是由C型产气荚膜梭菌的毒素引起，以溃疡性肠炎和腹膜炎为特征；羊肠毒血症是由D型产气荚膜梭菌引起的一种急性毒血症疾病，病死羊的肾组织易于软化，常称"软肾病"；羊黑疫是由B型诺维梭菌引起的一种急性高度致死性毒血症，以肝实质坏死为主要特征；羔羊痢疾是由B型产气荚膜梭菌引起的出生羔羊的一种急性毒血症，以剧烈腹泻、小肠发生溃疡和大批死亡为主要临床特征。因为该类疾病病程短、死亡快，所以治疗效果较差，主要以疫苗免疫接种为防控手段。

突然死亡

患病羊突然卧地不起

● **破伤风** 由破伤风梭菌感染引起，主要经伤口感染。初期症状不明显，中后期出现全身性强直、角弓反张、瘤胃鼓气等，羔羊常伴有腹泻。防止外伤感染，对伤口进行正确的外科处理，肌内注射青霉素40万～80万国际单位进行全身治疗，同时皮下或肌内注射5万～10万单位破伤风抗毒素进行预防或治疗。

角弓反张

结 痂

● **传染性口疮（传染性脓疱疮）** 本病主要危害羔羊，以口腔黏膜、嘴唇、眼睑及部分皮肤形成红疹、脓疱、溃烂、结痂为特征。病羊在隔离条件下及早治疗，用0.1%高锰酸钾或2%食盐水洗涤患部，剥去痂皮，用红霉素软膏涂擦患部；或用5%碘酊甘油合剂（5%碘酒与甘油按1∶1的比例混匀）。当出现全身症状时，肌内注射抗生素。

8 第八章　绵羊的主要产品及初加工

　　绵羊的主要产品有肉、毛、皮、奶等。对羊产品进行深加工，一方面可以提高羊产品的附加值，促进现代产业化养羊业的发展，另一方面也能为人民提供丰富的消费产品，满足人民生活的需求。

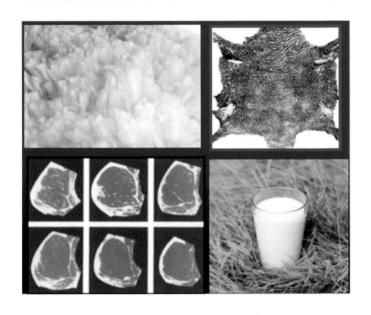

第一节　绵羊的屠宰

一、宰前准备

● **宰前检验**　待屠宰羊只宰前必须严格进行健康检验，只有行为正常，反应敏捷，口、鼻、眼无过多分泌物，呼吸正常，膘情适度的羊才允许屠宰。

活羊候宰区

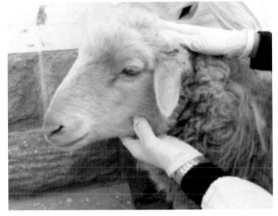
宰前检疫

● **宰前禁食**　一般肉羊在屠宰前24小时应停止放牧和补饲，宰前2小时停止饮水。

二、屠宰工艺流程

肉羊的屠宰一般包括放血、剥皮、取内脏、检验等过程，具体工艺流程如下图。

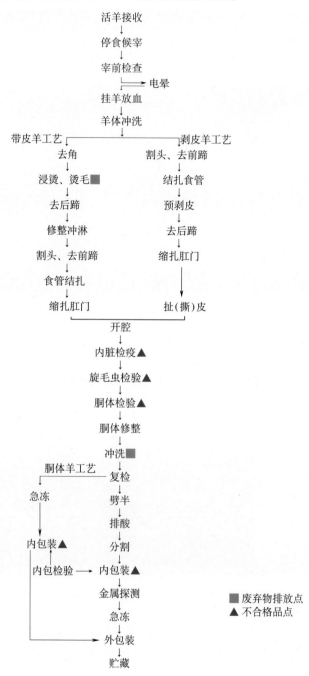

活羊接收
↓
停食候宰
↓
宰前检查
↓ → 电晕
挂羊放血
↓
羊体冲洗
↓

带皮羊工艺 ┌──────────┐ 剥皮羊工艺

去角　　　　　　　割头、去前蹄
↓　　　　　　　　　　↓
浸烫、烫毛■　　　　结扎食管
↓　　　　　　　　　　↓
去后蹄　　　　　　预剥皮
↓　　　　　　　　　　↓
修整冲淋　　　　　去后蹄
↓　　　　　　　　　　↓
割头、去前蹄　　　缩扎肛门
↓　　　　　　　　　　↓
食管结扎
↓
缩扎肛门　　　　　扯（撕）皮
└──────────┘
开腔
↓
内脏检疫▲
↓
旋毛虫检验▲
↓
胴体检验▲
↓
胴体修整
↓
冲洗■

胴体羊工艺 ┌─── 复检
↓　　　　　　↓
急冻　　　　劈半
↓　　　　　　↓
　　　　　　排酸
↓　　　　　　↓
内包装▲　　分割
↓　　　　　　↓
内包检验 →内包装▲
↓
金属探测
↓
急冻
↓
└───→ 外包装
↓
贮藏

■ 废弃物排放点
▲ 不合格品点

屠宰加工工艺流程图

屠宰车间

宰后检疫

清洗胴体　　　　　　　　　　冷却排酸

第二节 胴体分割标准

一、胴体分级

按肌肉发育程度和脂肪含量，绵羊肉可分为三级。

● 一级 肌肉发育优良，全身骨骼不外露，皮下脂肪布满全身，臀部脂肪丰满。

● 二级 肌肉发育较好，除肩胛部及脊柱骨稍外露外，其余部位骨骼均不外露，皮下脂肪布满全身，肩颈部有较深脂肪沉积。

● 三级 肌肉发育一般，肩胛部及脊柱骨等部位骨骼明显外露，胴体表面脂肪层稀薄且分布不均。

二、胴体分割

羊的胴体大致可以分割为7大块，然后再对各部位肌肉进行具体分割。

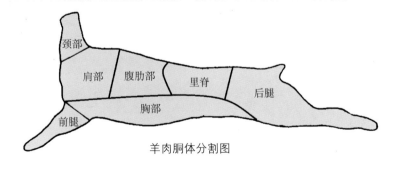

羊肉胴体分割图

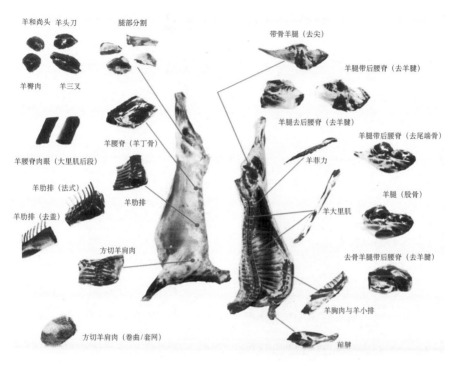

羊和尚头 羊头刀

腿部分割

带骨羊腿（去尖）

羊臀肉 羊三叉

羊腿带后腰脊（去羊腱）

羊腰脊肉眼（大里肌后段）

羊腿去后腰脊（去羊腱）

羊腰脊（羊丁骨）

羊腿带后腰脊（去尾端骨）

羊菲力

羊肋排（法式）

羊大里肌

羊腿（股骨）

羊肋排

羊肋排（去盖）

方切羊肩肉

去骨羊腿带后腰脊（去羊腱）

羊胸肉与羊小排

方切羊肩肉（卷曲/套网）

前腱

羊肉分割切块示意图

胴体分割、包装

三、胴体的贮存

● **羊胴体的冻结** 通常在冷却加工基础上再进行冻结加工。急冻间温度为－25～－23℃，经18～24小时即可转入低温冷冻贮藏间贮存。冷藏间保持室温－18℃，相对湿度95％～98％，可贮存5～12个月。

● **羊胴体的冷藏** 冷藏时将羊胴体的二分体，按照一定容积分批分级堆放在冷库内。通常采用的冷冻保藏方式为分割包装冷藏，优点在于减少干耗、防止污染、延长贮藏期及便于运输等。

第三节　羊皮的初加工

一、生皮的剥取

生皮质量与屠宰技术及剥皮方法有很大关系，正确剥取羔皮、裘皮应注意三点。

● 宰杀羔羊必须用直刀法，防止羊血污染毛皮。

● 剥取的羔皮要求形状完整，剥皮时避免人为的伤残。

● 刮去残留的肉屑、脂肪、凝血杂质等，以保持羔皮的清洁。

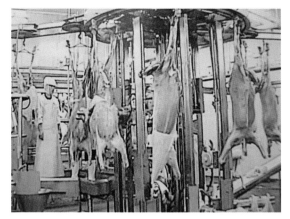

二、清理

除去鲜皮上的污泥、粪便，再用铲皮刀或削肉机除去皮上的残肉和脂肪。

修理生皮，割去蹄、耳、唇等，然后用湿布巾擦去沾在皮上的脏物和血液，切忌用清水冲洗，以免失去油润光泽，成为品质差的"水浸皮"。

三、防腐处理

鲜皮很容易腐烂变质，因此，必须在清理后进行防腐处理。一般有以下两种方法。

● **干燥法**　一般采用自然干燥。生皮剥下后要立即摊开让其自然干燥，自然干燥时最好采用悬挂干燥法，但不能在烈日下曝晒。鲜皮干燥的最适温度为20 ～ 30℃。一般当生皮的水分含量降低到15%左右时，细菌就不易繁殖，可暂时抑制微生物的活动，达到防腐目的。

● **盐腌法**　盐腌法是利用食盐的脱水作用除去皮内的水分，造成高渗环境，抑制细菌的生长，从而达到防腐的目的。

➢ **干盐腌法**　把纯净干燥的细食盐均匀地撒在鲜皮的内面上，细盐的用量可为鲜皮重量的40%，需要7天左右的时间。

➤ **盐水腌法** 先用水缸或其他容器把食盐配成25%食盐溶液，将鲜皮放入缸中，溶液的温度应掌握在15℃左右，浸泡16～26小时，将羊皮取出搭在绳子或木杆上，让其自由滴液。滴净水分后，按皮重，再在皮板上撒上20%～25%干盐面，晾干即可。

四、贮存

鲜皮干燥后，应板对板、毛对毛地整理好，以每10～20张为1捆，再用细绳捆好入库贮存。贮藏在通风良好的贮藏室内，室内气温不超过25℃，相对湿度60%～70%。

9 第九章　绵羊场经营管理

第一节　绵羊场生产管理

一、绵羊场计划制订

● **制订生产计划的步骤**

➢ 调查绵羊圈舍的面积、年末羊群的存栏数、母羊数、资金数量、工人人数，作为制订生产计划的主要依据。

➢ 对原有的饲养规模、饲养结构、生产人员、设备的利用情况进行分析，作为生产计划的参数。

➢ 找出羊场经营管理中存在的问题，提出可以解决的办法。

➢ 根据羊场情况制订两个以上的生产计划，经反复讨论，选出最佳的计划方案。

● **生产计划的内容**

➢ 根据养场的生产任务确定各种绵羊的数量，制订羊群周转计划。

羊群周转计划

组　别	计划年初头数	增加			减少			计划年终头数
		繁殖	购入	转入	转出	出售	淘汰	
后备母羊								
后备公羊								
基础母羊								
基础公羊								
育肥羊								
合计								

➢ 根据羊群数量，计算出各月各组别羊群对精料、青饲料、粗饲料、矿物质的需要量。

绵羊场饲料供应计划

组别	平均头数	头数	精 料		青饲料		粗饲料		矿物质	
			每头定额	合计	每头定额	合计	每头定额	合计	每头定额	合计
后备母羊										
后备公羊										
育成公羊										
育成母羊										
羔母羊										
羔公羊										
合计										
供应量										

注：供应量=需要量+损耗量，精料与矿物质的损耗量为需要量的5%，其他为10%。

➢ 根据羊场的生产任务对羊群的配种、分娩时间做计划安排。

羊群交配分娩计划表

月份	上年度配种母羊数			本年度预计配种母羊数				
	成年母羊	育成母羊	合计	成年母羊	头胎母羊	育成母羊	复配母羊	合计
1								
2								
3								
4								
5								
6								
7								

（续）

月份	上年度配种母羊数			本年度预计配种母羊数				
	成年母羊	育成母羊	合计	成年母羊	头胎母羊	育成母羊	复配母羊	合计
8								
9								
10								
11								
12								

➤ 财务计划分为收入和支出两部分。

收入主要包括主产品、联产品和副产品等收入。支出主要包括购买羊只、饲料、人工等费用。

二、绵羊场信息管理

为更好地对绵羊场的生产情况进行监测，需对绵羊场进行信息化管理。首先，采用耳号或耳标的方法对绵羊进行编号，然后，把每只羊的生产技术原始资料通过电脑进行统计和分析。对羊场生产技术资料的统计主要包括以下一些内容：羊只记录卡，系谱记录，分娩产羔情况记录，体况评分，外貌鉴定及总评分，配种记录，病例卡，各阶段培育情况，受胎日报表，羔羊培育情况表，成母羊淘汰、死亡、出售情况，情期受胎日报表，家畜变动情况月报表。

种公羊卡片

个体编号_____出生日期_____品种_____出生地点_____

1.生产性能及鉴定成绩

年度	年龄	鉴定结果	活重（千克）	产毛、原毛重（千克）	净毛率（%）	等级

2.系谱

母羊：品种 _____	公羊：品种 _____
个体号 _____	个体号 _____
鉴定年龄 _____	鉴定年龄 _____
毛长度 _____ 厘米	毛长度 _____ 厘米
毛细度 _____ 微米	毛细度 _____ 微米
羊毛油汗 _____	羊毛油汗 _____
头肢毛 _____	头肢毛 _____
体重 _____ 千克	体重 _____ 千克
原毛重 _____ 千克	原毛重 _____ 千克
净毛率 _____ %	净毛率 _____ %
等级	等级

外祖母： 外祖父：	祖母： 祖父：
个体号____ 个体号____	个体号____ 个体号____
体重____千克 体重____千克	体重____千克 体重____千克
毛重____千克 毛重____千克	毛重____千克 毛重____千克
等级 等级	等级 等级

3.历年配种情况及其后裔品质

年度	与配母羊数	产羔母羊数	产羔数	后裔品质（等级比例）					备注
				特级	一级	二级	三级	等外	

4.历年产毛量及其体重记录

年度		原毛量（千克）	净毛率（%）	净毛量（千克）	春季体重（千克）	秋季体重（千克）	备注
	初生						
	断奶						
	周岁						
	2岁						
	3岁						

种母羊卡片

个体编号_____出生日期_____品种_____出生地点_____

1.生产性能及鉴定成绩

年度	年龄	鉴定结果	活重（千克）	产毛、原毛重（千克）	净毛率（%）	等级

2.系谱

母羊： 品种_____　　公羊： 品种_____

　　　个体号_____　　　　　个体号_____

　　　鉴定年龄_____　　　　　鉴定年龄_____

　　　毛长度_____厘米　　　　　　毛长度_____厘米

　　　毛细度_____微米　　　　　　毛细度_____微米

　　　羊毛油汗_____　　　　　　羊毛油汗_____

　　　头肢毛_____　　　　　　头肢毛_____

　　　体重_____千克　　　　　　体重_____千克

　　　原毛重_____千克　　　　　　原毛重_____千克

　　　净毛率_____%　　　　　　净毛率_____%

　　　等级　　　　　　　　　　　　　　　　　等级

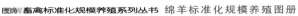

（续）

外祖母：	外祖父：	祖母：	祖父：
个体号____	个体号____	个体号____	个体号____
体重____千克	体重____千克	体重____千克	体重____千克
毛重____千克	毛重____千克	毛重____千克	毛重____千克
等级	等级	等级	等级

3.历年配种产羔成绩

年度	与配公羊			产羔情况				周岁鉴定结果	等级	备注
	耳号	品种	等级	公羔	母羔	初生重（千克）	断奶重（千克）			

配种产羔记录

场名	与配公羊		母羊		配种日期			分娩		羔羊耳号	初生重（千克）	性别	胎次	单双羔	羔羊等级	备注
	耳号	等级	耳号	等级	一次	二次	三次	预产期	实产期							

断奶鉴定记录

场名	品种	羔羊耳号	母亲耳号	父亲耳号	性别	月龄	断奶体重（千克）	断奶毛长度（厘米）	断奶毛细度（支）	断奶毛量（千克）	断奶均匀度	油汗	等级	备注

鉴定日期_____鉴定人_____记录人_____群别_____第　　页

育成羊和成年羊鉴定记录

场名	品种	耳号	性别	年龄	类型	剪毛量(千克)	体重(千克)	体高(厘米)	体长(厘米)	胸围(厘米)	胸深(厘米)	胸宽(厘米)	管围(厘米)	体格	汗色	油汗	毛长(厘米)	细度(支)	密度	弯曲	匀度	腹毛	等级	备注

鉴定日期_____鉴定人_____记录人_____群别_____第　　页

羔羊生长发育记录

场别	品种	羔羊耳号	性别	单双羔	等级	出生体重(千克)	断奶体重(千克)	6月龄体重(千克)	8月龄体重(千克)	10月龄体重(千克)	周岁体重(千克)	备注

4.历年产毛量及其体重记录

年度	原毛量(千克)	净毛率(%)	净毛量(千克)	春季体重(千克)	秋季体重(千克)	备注
初生						
断奶						
周岁						
2岁						
3岁						

第二节 绵羊场经营管理

一、绵羊场的组织结构

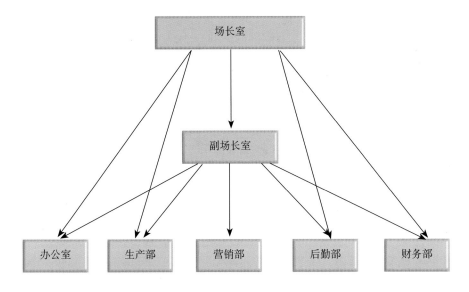

二、绵羊场人员配置

以500头规模绵羊场为例，需员工14人。以下是绵羊场的基本人员组成：场长与副场长各1人，生产技术人员2人，饲养员5人，采购员1人，销售人员2人，会计和出纳各1人。

三、绵羊场各类人员的岗位职责

● **场长岗位职责**
➢ 负责羊场的日常管理工作。
➢ 负责机构设置和人员招聘管理。
➢ 负责协调羊场各方面关系。

➤ 负责制定羊场管理制度，并对员工进行考核。

➤ 定期组织员工进行针对性培训，提高员工技能。

➤ 负责对羊场财务和销售进行监督管理。

● **生产技术人员岗位职责**

➤ 负责生产计划制订，日常养殖技术和生产管理。

➤ 负责指导饲养员生产，提高每个饲养人员的养殖水平。

➤ 负责羊场的信息化管理，监督饲养人员做好各项生产记录，并负责填写羊群发病记录、免疫记录、饲料使用记录等技术档案的填写工作。

➤ 制订育种、选种、配种方案。

兽防员岗位职责

1. 认真学习有关兽防知识，不断提高自身素质。
2. 严格执行羊场免疫程序，保证羊只的健康。
3. 随时巡查羊舍，观察有无病羊。发现病羊要及时诊断治疗。
4. 认真履行兽防员职责，如因玩忽职守造成羊场损失，将被追究赔偿责任。

兽医卫生防疫制度

1. 饲养人员不能相互串舍。
2. 场内外和各圈舍的用具等不能交叉使用。
3. 严禁用发霉变质的饲料喂羊。
4. 经常灭蝇、灭鼠、灭蚊、灭蟑螂。
5. 场内外每周2～3次大清扫，彻底消毒。
6. 从外引进羊只必须隔离观察2周以上，确保健康无病，注射疫苗后方可混群饲养。
7. 定期进行免疫接种和驱虫。
8. 严禁乱扔病死羊，必须进行烧毁或深埋。

羊场消毒制度

1. 大门与各圈舍门口的消毒池保证内贮2%消毒液，每周更换一次，供进出人员消毒。
2. 工作人员在进入生产区之前，必须在消毒间更换工作服。
3. 空羊舍彻底消毒，首先清除粪尿杂物，再用高压水枪彻底清洗，晾干后，彻底消毒。
4. 日常圈舍消毒，每周更换消毒液带羊喷雾消毒。
5. 用具、饲槽和水槽需每天洗刷，定期消毒。
6. 走廊过道及运动场定期用消毒液消毒。

饲养员岗位职责

1. 每天必须将青饲料、干饲料、饮用水备齐，保证喂羊所需。
2. 每天定时给羊进料，饲喂时要注意观察羊采食的情况，发现异常及时报告给兽防员，以便及时处理。
3. 喂羊时不能从围墙上翻进翻出，只能从圈门进出，如果不按规定而摔伤，后果自负。
4. 每天打扫卫生，保证羊舍清洁。
5. 随时巡查羊圈，尽量避免羊与羊之间打架而造成损伤。
6. 对妊娠、病羊、体弱羊和小羊要留意观察，细心护理。

➤ 制定消毒防疫制度，每日巡视羊群，及时发现病情。

➤ 总结养殖经验，发现问题及时报告。

● **采购员职责** 主要负责绵羊场饲料原料、疫苗、药品、日常工作用具的采购。

● **销售人员职责** 主要负责绵羊产品的销售工作。包括市场调查、销售渠道的建立，销售计划的制定，组织日常销售工作，保证绵羊场生产的羊产品能及时销售，并能取得更高的销售利润。

四、绵羊场的财务管理

绵羊场的生产经营状况可通过财务反映出来，所以财务管理工作做细做好非常关键，做好财务管理工作，可以帮助绵羊场提高经营管理水平。

● **绵羊场成本定额管理**

$$羊群饲养日成本 = \frac{羊群饲养费用}{羊群饲养头日数}$$

羊群饲养费定额＝羊群饲养日成本各项费用定额之和＝工资福利费定额＋饲料费定额＋燃料费定额＋动力费定额＋医药费定额＋羊群摊销费定额＋固定资产折旧费定额＋固定资产修理费定额＋低值易耗品费用定额＋企业管理费定额

各项费用定额可参照历年的实际费用、当年的生产条件及生产计划来确定。

● **财务收支管理**

$$绵羊场收入 = 产毛收入 + 淘汰羊收入 + 粪便收入$$
$$绵羊场支出 = 饲料支出 + 兽药支出 + 工资支出 + 水电费 + 设备维修费$$
$$净利润 = 收入 - 支出$$

财务支出需填写领款凭证，并由经手人、主管领导及财务人员签字方可报销，购买物品必须有统一的发票，由经手人、场领导审批签字，所购物品必须按金额、种类入易耗品、低值耐久或财产账，购原料一律加仓库管理员签字并入账。

● **资金安全管理** 建立绵羊场资金安全保障机制，包括审批授权制度、复核制度、授信制度、结算制度、盘点制度等相关的资金保障制度，用制度来保证资金的安全使用。

参 考 文 献

陈汝新,盛志廉,1981.实用养羊学[M].上海:上海科学技术出版社.

陈圣偶,2000.养羊全书[M].2版.成都:四川科学技术出版社.

李志农,1993.中国养羊学[M].北京:农业出版社.

吕效吾,1992.养羊学[M].2版.北京:农业出版社.

欧文J B,1984.绵羊生产[M].涂友仁,译.北京:农业出版社.

涂友仁,1989.中国羊品种志[M].上海:上海科学技术出版社.

吴登俊,2003.规模化养羊新技术[M].成都:四川科学技术出版社.

张英杰,2010.羊生产学[M].北京:中国农业大学出版社.

赵有璋,2005.羊生产学[M].2版.北京:中国农业出版社.

图书在版编目（CIP）数据

绵羊标准化规模养殖图册 ／ 张红平主编． —北京：
中国农业出版社，2019.6
（图解畜禽标准化规模养殖系列丛书）
ISBN 978−7−109−25210−3

Ⅰ．①绵…　Ⅱ．①张…　Ⅲ．①绵羊－饲养管理－图解
Ⅳ．①S826−64

中国版本图书馆CIP数据核字（2019）第018494号

中国农业出版社出版
（北京市朝阳区麦子店街18号楼）
（邮政编码 100125）
责任编辑　刘　伟　弓建芳　颜景辰

中农印务有限公司印刷　新华书店北京发行所发行
2019年6月第1版　2019年6月北京第1次印刷

开本：880mm×1230mm　1/32　印张：4.75
字数：125千字
定价：28.00元
（凡本版图书出现印刷、装订错误，请向出版社发行部调换）